KB197997

아이의 행동이 저절로 바뀌는

훈육의 정석

아이의 행동이 저절로 바뀌는 훈육의 정석

초판 1쇄 발행 2025년 2월 12일
초판 4쇄 발행 2025년 2월 18일

지은이 김보경
펴낸이 이경희

펴낸곳 빅피시
출판등록 2021년 4월 6일 제2021-000115호
주소 서울시 마포구 월드컵북로 402, KGIT 19층 1906호

ISBN 979-11-94033-52-3 03590

뇌과학이 알려주는 세상에서 가장 쉬운 육아법

아이의 행동이 저절로 바뀌는

훈육의 정석

김보경 지음

빅피시
BIG FISH

'뇌과학 훈육' 효과를 경험한 부모들의 찬사

+ 김보경 박사님 훈육 강의 듣고 적용한 뒤로 아이가 완전히 바뀌었어요. 박사님 책 평생 소장하며 꼭꼭 씹어 읽을게요!

+ 뇌과학의 관점으로 보니 아이와 내가 모두 이해되고 힘들었던 육아가 한결 가벼워졌어요. 훈육의 분명한 방향성을 갖게 되어 부모로서 더 단단해진 기분입니다.

+ 강의 듣고 저도 모르게 막 눈물이 나더라고요. 제가 통제하지 말아야 할 것을 통제하면서 아이의 태도를 지적하고 비난했다는 걸 알았어요.

+ 정말 머리가 맑아지는 느낌. 이 강의를 통해 문제점이 명확히 보이고 어떻게 훈육해야 하는지 답을 찾았어요.

+ 이 강의를 엄마들이 왜 찾아 듣는지 알겠어요. 아이의 행동과 부모의 대응을 문제로 여기지 않고, 부모가 이것을 왜 어려워하는지 생각해보게 해요. 아이의 마음을 더 잘 이해하게 됐어요.

+ 마음을 울리는 강의. 효과가 빠르고 편한 방식이 옳은 게 아니고, 시간이 걸리더라도 아이 스스로 느끼고 변화하도록 믿고 기다려줘야 하는 거였어요.

- 내가 어떤 부모가 되어야 하는지, 되고 싶은지 깊게 생각해보는 계기가 됐어요. 예시를 들어 이해가 쏙쏙 되게 쉽게 설명해주셔서 올바른 훈육이 뭔지 이제 감이 잡혀요.

- 우연히 듣게 된 강의인데, 지금까지 제 육아의 모든 것이 다 리셋되는 느낌을 받았습니다.

- "아직 배우고 있는 중이야, 절대로 이 문제 앞에 너를 혼자 두지 않을 거야"라는 부분에서 많이 울었어요. 내 아이를 좀 더 깊이 관찰하는 계기가 되었습니다.

- 효과적인 훈육법을 배우고 싶었는데 전제 자체가 틀렸더라고요. 아이가 주도적으로 세상을 배워갈 수 있도록 도와주는 협력자로서의 역할을 제대로 하도록 노력하겠습니다.

- 어떻게 하면 아이가 상처받지 않게 단호하게 말할 수 있을까 고민이었는데 박사님 덕분에 오늘 그 고민의 답을 찾았어요!

- 뇌에서 전구 띵– 켜지는 강의!

프롤로그

스스로 결정하는 아이로 키워라

두 살 시은이는 별명이 '아니'입니다. 밥 먹자고 불러도 "아니!", 옷 입으라고 불러도 "아니!", 한창 놀다가 집에 들어가려면 "아니! 아니! 아니야!!" 하고 소리를 지르고 떼를 쓰거든요. 분명히 매일 하는 일들이니 이제 이해할 때도 된 것 같은데, 얼마나 많이 알려줘야 아이가 말을 듣는 건지 모르겠습니다.

네 살 재원이와 동생 재희는 매일 싸우는 것이 일입니다. 주로 동생이 오빠가 하는 놀이에 끼어들고, 오빠는 동생의 방해를 피하느라 전쟁이지요. 아직 말이 안 통하는 동생을 막기 위해 재원이는 동생을 밀치거나 장난감을 던집니다. 재원이 엄마는 혹여 아이들이 다칠까봐 전전긍긍하다가 결국은 "너 동생 때리지 말랬지!" 하고 소리를 지릅니다. 재원이도 울고, 재희도 울고, 엄마도 울고 싶습니다.

여덟 살 성재가 집에서 가장 많이 하는 말은 아마도 "이따가"일 겁니다. 아침부터 밤까지 해야 할 일은 많은데 언제나 다른 데에 정신이 팔려 있습니다. 엄마 아빠가 채근을 하면 일단 "이따가"라고 답해놓고는 또다시 시간을 놓쳐 잔소리 폭격을 맞게 되지요. 이만큼 컸으면 자기가 알아서 척척 하게 할 수 없는 걸까요? ADHD 검사라도 받아봐야 하는지 고민입니다.

아이들은 왜 이렇게 말을 안 들을까요?

세상에는 참으로 많은 '말 안 듣는 아이'들이 있습니다. 한 번 말해서 안 듣는 아이, 좋게 말하면 안 듣는 아이, 부모 속 터지게 안 듣는 아이, 대답만 잘하고 정작 말은 안 듣는 아이, 귀에 못이 박히게 말해도 안 듣는 아이. 떼를 쓰고, 울고불고 고집부리는 아이를 보며 어느 날은 '내가 뭘 잘못한 건가' 고뇌하고, 또 다른 날은 '애가 뭔가 잘못된 건가' 고민합니다. 훈육은 왜 이렇게 어려운 걸까요?

말 잘 듣는 아이는 훈육의 목표가 아니다

훈육이 어려운 부모는 어떻게 하면 아이가 내 말을 잘 들을까 고민합니다. 우리는 '말 잘 듣는 아이'를 이상적인 아이로 여깁니다. 엄마 아빠가 정해준 규칙을 잘 따르고, 부모가 시키는 일을 잘 하는 아이요. 그래서 숱하게 지시하고 명령하고 가르쳐보지만 같은 말을 반복하는 데에서 벗어나기 어렵습니다.

"도대체 몇 번을 말해야 알아듣니?"

"하지 말랬지! 한 번만 더 하면 혼날 줄 알아!"

"제발 하라는 대로 좀 해!"

지금까지 훈육이 잘 되지 않았던 이유는
잘못된 방향으로 가고 있었기 때문입니다.
훈육의 목표는 아이가 부모의 말을
잘 듣도록 하는 것이 아닙니다.
아이가 스스로 배우고 선택하는 힘을 길러주는 것입니다.

육아의 목표가 아이의 독립이라면, 훈육의 목표는 아이가 독립적으로 결정하는 것입니다. 우리는 아이에게 부모 말을 따르라고 가르쳐서는 안 됩니다. 아이가 스스로 문제를 해결하고, 좋은 선택을 하도록 가르쳐야 합니다. 아이의 삶은 어른이 만들어주는 틀 안에서만 해결할 수 없는 문제들로 가득할 테니까요. 엄마 아빠가 정해준 대로 똑같이 행동하라고 요구해서는 언제나 달라지는 수많은 문제를 제대로 풀어갈 수 없습니다.

아이는 로봇이 아니에요. 입력된 대로 행동하라고 하면 상황에 맞지 않게 뚝딱대고 에러가 납니다. 그러니 부모 말을 잘 들으라고 하면서 아이의 생각하는 힘, 즉 비판적인 사고력과 창의적인 문제 해결 능력의 싹을 잘라내지 마세요.

훈육이란 부모가 답을 정해주는 것이 아니라, 아이가 부모의 말이 없어도 답을 찾을 수 있도록 아이의 '능력'을 키우는 것입니다. 아이가 자신의 감정과 마음을 알고, 현재 환경에서 일어나는 일을 이해하고, 무엇이 더 중요한지에 따라 스스로 생각하도록 친절하게 도와주어야 해요.

아이 스스로 행동을 바꾸는 뇌과학의 비밀

분명 여러 번 가르쳐주었는데도 아이들이 그대로 '하지 않는 이유'는 뭘까요? 답은 아주 간단합니다. 할 수 없기 때문입니다. 할 수 없는 일을 하라고 해봤자 아이는 '말 안 듣는 아이'가 될 뿐입니다. 수없이 반복해서 말해도 잘 듣지 않을 때, 그럴 땐 이 말을 먼저 생각하기를 권합니다.

"할 수 있으면 했다."

아이가 지금까지와는 다르게 행동하기를 바라나요?
그렇다면 아이에게 필요한 것은
그 행동을 할 수 있는 능력입니다.
능력은 잔소리가 아니라 연습과 학습을 통해
뇌가 스스로 만들어가는 것입니다.

수영을 해보지 않은 아이에게 "팔을 젓고 다리를 차서 물에 떠라" 하고 지시한다고 아이가 수영을 할 수 있게 되진 않습니다. 우리가 일상에서 마주하는 행동들도 마찬가지입니다.

아이가 어떤 행동을 편안하게, 자연스럽게 하기 위해서는 그에 맞는 능력을 뇌에게 학습시켜야 합니다. 어떤 아이는 "밥 먹자~" 하고 부르는 소리를 '놀이 시간의 방해'로 받아들여 짜증부터 냅니다. "이따가!"를 외치며 시간을 벌기도 하고요. 어떤 아이는 기쁜 마음으로 식탁에 와서 앉습니다. 말 잘 듣는 아이여서가 아니라, 놀이를 멈추는 능력, 식사에 집중하는 능력, 음식과 대화를 통해 즐거움을 느끼는 능력이 있기 때문입니다. 행동의 변화는 억지로 시킨다고 되는 것이 아니라, 아이의 능력이 성장하면 저절로 이루어집니다.

뇌 발달의 이해는 훈육을 성공으로 이끌어줍니다. 이 말은 두 가지로 이해해볼 수 있습니다. 하나는 아이의 뇌 발달 단계에 따라 할 수 있는 것과 할 수 없는 것이 있다는 점입니다. 두 번째는 뇌 발달 단계에 따라 적합한 훈육법이 다르다는 것입니다.

즉, 뇌 발달을 이해하면 아이에게 맞는
기대치를 적용하여 훈육할 수 있고,
아이가 잘 받아들일 수 있는 방법을 사용할 수 있지요.

이 책에는 0세부터 학령기까지 아이들의 뇌 발달 특징과 그 시기 아이들이 꼭 획득해야 하는 능력이 담겨 있습니다. 아이들이 자신의 마음을 잘 표현하고 똑똑한 선택을 할 수 있도록 도울 수 있는 방법들도요. 훈육이 더 이상 아이와의 기싸움이 아니라 아이의 능력을 성장시키는 기회가 될 수 있을 거예요. 아이를 성장시키면 아이의 행동은 저절로 바뀌게 됩니다.

훈육을 가로막는
부모의 화부터 다스리자

어쩌면 훈육을 방해하는 가장 큰 적은 부모인 나의 마음일지도 모릅니다. 그러지 말아야지 하면서도 때로 우리는 아이를 비난하고, 협박하고, 꾸짖기에 급급합니다. 가끔은 분노가 치밀어 소리를 지르거나, 상처 주는 말을 쏟아냅니다.

부모 노릇이라는 것이 참 어렵더라고요. 잘하려는 마음은 가득한데, 마음먹는 것만으로는 잘 되지 않을 때가 있어요. 저도 마찬가지입니다. 잘 할 줄 모르기 때문입니다. 화낼 필요가 없을 때도 불쑥 화를 느끼고, 화났을 때 어떻게 표현해야 할지 잘 모르고, 큰 스트레스를 어떻게 다스려야 할지 알지 못합니다. 잘 모르기 때문에 못한 것입니다. "할 수 있으면 했다"는 양육자인 나에게도 적용됩니다. 나에게 필요한 것은 자기 비난이 아니라 따뜻한 격려와 학습입니다.

참다가 폭발하고 후회하기를 반복하는 분들을 위해 버럭을 다스리는 '버럭 다이어트' 솔루션을 담았습니다. 부모의 목소리가 따뜻하고 차분할 때, 아이는 방어적인 태도 대신 열린 마음으로 우리의 메시지를 받아들입니다. 이 책에는 훈육에 있어 피할 수 없는 버럭의 순간을 이해하고 빠르게 버럭의 충동에서 빠져나오는 법과 장기적인 접근을 통해 화를 훈육으로 전환하는 전략을 담았습니다. 노력할 만한 가치가 있는 방법이라고 확신합니다. 꼭 한번 시도해보세요.

아직 못 하는 것을 결국 잘할 때까지

만약 지금까지 나의 감정을 다스리고, 아이에게 친절하고 즐거운 대화를 통해 훈육하는 것이 어려웠다면, 아마도 그것은 불안과 두려움 때문일 거예요. 아이가 보이는 지금의 모습이 영원할 것 같은 불안함, 나쁜 아이로 자랄 것만 같은 두려움이요.

우리는 '아직'이라는 단어 속에 담긴 힘을 믿어야 합니다. 세상에 나쁜 아이는 없습니다. 다른 사람에게 상처를 주고 싶은 아이도, 부모로부터 비난을 받아 상처받고 싶은 아이도 없지요. 모든 아이들은 이해받고 싶어 하고, 좋은 아이가 되고 싶어 합니다. 다만 아직 잘 모르거나, 잘 못할 뿐입니다. 아이들은 아직 자라는 중입니다. 언제나 성장의 가능성이 있다는 뜻입니다. 아직 잘 못하더라도, 배움의 기회를 얻으면 결국 잘할 수 있게 되지요. 모르는 것을 배우고, 서투른 것을 연습하는 과정 없이는 성장도 없습니다.

이 책은 부모가 가져야 할 용기를 이야기하기 위해 썼습니다.

- 아이를 비난하는 대신, 아이가 아직 모르는 것을 친절하게 가르칠 용기
- 아이의 행동 뒤에 숨겨진 진짜 이유를 이해하고, 배움의 가능성을 바라볼 용기
- 아이를 억지로 바꾸지 않고, 아이가 자신의 힘으로 바뀔 때까지 기다릴 용기
- 오늘의 육아가 내 뜻대로 잘 되지 않았더라도, 끝까지 아이에 관한 문제를 포기하지 않을 용기

맞아요. 아이에게 좋은 선택을 하는 법을 가르쳐주기 위해서는 큰 용기가 필요합니다. 이 책은 여러분과 함께 떠날 위대한 육아 모험의 지도가 되고자 합니다. 우리는 용기와 지혜와 사랑을 품고 이 모험을 함께 떠날 것입니다. 아이의 손을 잡고, 성장을 위한 첫걸음을 내딛어 보세요. 오즈의 마법사에 나오는 도로시와 친구들처럼요! 멋진 일이 기다리고 있을 거예요.

부모와 아이의 무한한 성장을 응원합니다.

2025년을 시작하며
실리콘밸리에서
김보경 드림

차 례

3장. | 영유아기 |

세상을 탐험하는 행복한 아이로 키워라

4장. | 아동기 |

원하는 것을 이루는 똑똑한 아이로 키워라

아이에게 상처 주지 않는 훈육 실천하기

5장. 화를 잘 다스리는 감정 조절의 뇌과학

6장. 아이의 뇌를 깨우는 현실 훈육 상담

1부

뇌과학이 알려주는 훈육의 비밀

1장 뇌는 어떻게 세상을 배울까?

우리는 왜 번번이 훈육에 실패할까?

서준이네 엄마는 서준이가 블록을 쌓다가 잘되지 않을 때 소리를 지르며 집어 던지는 것이 고민입니다. 단단한 나무 블록을 던지면 집안 물건을 망가뜨리거나 사람이 다칠 수 있어 위험하기도 하고, 기분 나쁜 것을 던지기로 표현하는 것이 걱정스럽기도 합니다.

훈육은 단호하게 해야 한다는 생각에, 서준이 엄마는 서준이가 장난감을 던질 때 "안 돼! 하지 마!" 하고 엄하게 말합니다. 그러면 서준이는 울면서 다른 장난감을 던집니다. 엄마는 "던지면 안 된다고 했지!" 하고 더 소리를 높입니다. 서준이는 더 크게 울고 바닥에 발을 구릅니다. 아이를 진정시키려고도 해보고, 붙잡고 대화를 시도해봤지만 아이는 우느라 듣지 않습니다. 분명히 말해줬는데, 왜 이렇게 말을 안 들을까요? 엄마도 화가 납니다.

"그만해! 뭘 잘 했다고 울어!"

이 말만은 하고 싶지 않았는데…. 어릴 때 그토록 나를 속상하게 했던 말을 나도 똑같이 아이에게 내뱉고 맙니다. 밤이 되면 화낸 것이 후회됩니다. 엄마는 '네 살 훈육' '아들 훈육' '화내지 않는 법' 등을 검색하면서 밤을 지샙니다. 훈육은 참 어렵기만 합니다.

말 잘 듣는 아이 vs 스스로 결정하는 아이

훈육은 참 흔한 말입니다. 우리는 모두 훈육이 중요하다는 사실을 알고 있어요. 훈육에 대해 궁금하다면 언제든지 찾아볼 수 있는 육아서, 육아 정보, 육아 관련 영상이 많고도 많습니다. 아이와 부모가 함께 출연해 전문가의 도움을 받는 방송 프로그램에서는 다른 가정의 훈육 현장을 생생하게 중계하기도 합니다.

그런데도 부모들은 여전히 훈육이 어렵다고 말합니다. 대체 왜 그런 걸까요? 우리는 왜 훈육에 번번이 실패하는 걸까요?

기존의 훈육법들은 부모가 행동을 제시하고, 아이가 이를 따르는 것을 목표로 합니다. 덕분에 많은 부모들이 훈육이란 부모가 지시하면 아이가 그대로 따르는 것이라고 생각하고 있고요. 이렇게 생각하는 부모들은 부모가 하지 말라는 것은 하지 않고, 하라는 것은 하는 말 잘 듣는 아이를 길러내려고 합니다. 안타깝지만 이는 큰 착각이며,

이러한 훈육은 언제나 실패하게 됩니다.

인간은 원래 남의 말을 잘 듣지 않습니다. 나 자신을 돌이켜보세요. 의사 선생님이 체중 감량을 하라고 했지만 운동을 하지 않고, 성공한 사람들이 아침 일찍 일어나서 하루를 활기차게 시작하는 것이 좋다고 했지만 알람 시계를 열 번씩 누르며 다시 잠들곤 하지요. 나의 마음가짐을 뒤흔드는 사건이나 깨달음이 없는 이상, 남이 하는 충고는 원래 잘 먹히지 않습니다.

만약 우리 아이를 부모 말에 고분고분 따르게 만드는 데 성공했다고 한들 우리는 새로운 문제에 봉착하게 됩니다. 바로 세상이 너무 복잡하고 항상 변한다는 것이죠. 부모가 이 세상을 아우를 수 있을 만큼 많은 행동 규칙을 만들고 아이들에게 가르치는 것은 불가능하기 때문에 가르쳐도 가르쳐도 언제나 부족하기만 합니다. 아이는 이미 도출된 결론을 주입하는 식으로 배우기 때문에 복잡한 규칙 간의 관계성을 깊이 이해할 기회를 얻지 못해요. 새로운 환경, 부모가 알려주지 않은 상황을 마주하면 유연하게 대처하지 못하고 어쩔 줄 모르지요. 갈수록 빠르게 변하는 사회에서 난감하기 이를 데 없는 결과입니다. 나서서 변화를 주도하는 인물이 아니라 시키는 대로만 할 수 있는 부품 같은 사람이 되고 맙니다.

아이가 부모의 말을 듣는 것은 훈육의 목표가 아닙니다. 어떻게 하면 저 아이가 내 말을 잘 듣고, 시키는 것들을 척척 해낼까를 고민해 봐야 뾰족한 수를 얻기 어려울 거예요. 그것이 훈육의 본질이 아니기 때문입니다.

훈육을 제대로 하기 위해서는 훈육이 무엇인지, 그리고 훈육을 통해 내가 이루고 싶은 것이 무엇인지 먼저 생각해보세요. 목표를 잘못 설정하면 그 뒤에 따라오는 행동들 역시 잘못된 곳으로 향하게 되거든요. 마치 길을 찾는 것과 마찬가지이죠. 목적지를 알아야 맞는 길을 선택할 수 있어요. 그런데 우리는 목적지를 정하지 않고 자전거를 타고 갈지, 자동차를 타고 갈지만 고민합니다. 그러니 바른 길을 선택하기가 어려울 수밖에요.

육아의 종착지는 성인이 된 아이의 건강하고 독립적인 인생입니다. 그렇다면 훈육의 종착지는 어디일까요? 바로 아이가 스스로 결정하는 것입니다. 부모의 잔소리나 지시 없이도 좋은 선택을 하는 것이 훈육의 목표입니다.

솔직하게 나 자신에게 질문해보세요. 나는 정말로 주도적인 아이를 원하는 걸까요? 자기의 의견이 확실하고, 독창적인 사고를 할 수 있는 아이는 사실 부모의 말에도 반대하고, 단체의 규칙에도 순순히 순응하지 않고 합리성을 의심하며, 다른 사람들과 비슷하게 살지 않고 나만의 길을 개척할 가능성을 품고 있습니다. 어쩌면 좀더 '키우기 어려운' 아이일지도 모릅니다.

여러분이 원하는 아이는 내 말을 잘 듣는 아이인가요, 아니면 주도적으로 선택하는 아이인가요?

아이들은 유능한 존재입니다. 아이들의 뇌는 자신을 둘러싼 환경으로부터 자극을 받아들여 분석하고, 새로운 행동을 학습하는 데에 최적화되어 있어요. 어른보다 더 빠르게 학습하고, 더 유연하게 대처할 수 있는 존재입니다. 우리는 아이들에게 '이럴 때는 이렇게 행동하고, 저럴 때는 저렇게 행동하라'고 행동 수칙 수백 개를 가르칠 것이 아니라, '분석하고, 판단하여 가장 좋은 선택지를 찾으라'고 가르쳐야 합니다.

의사결정 훈육법에 오신 것을 환영합니다. 여기는 아이가 비판적으로 사고하고, 창의적으로 문제를 해결하고, 좋은 결정을 내릴 수 있는 능력을 키우는 데에 중점을 두는 곳입니다. 우리는 아이를 문제 그 자체가 아닌 문제를 해결하는 주체로 바라볼 것이며, 아이에게 필요한 능력과 역량을 키워 스스로 좋은 결정을 하는 사람으로 키울 것입니다. 이것이 의사결정 훈육의 목표입니다.

실패를 두려워하는 부모는 주도적인 아이를 키울 수 없다

자기 주도적인 아이, 참 매력적인 말입니다. 우리 아이를 문제 해결 능력과 의사결정 능력을 갖춘 사람으로 성장시키고 싶지 않은 부모는 아마도 없을 것입니다.

의사결정을 잘 하는 아이로 키우려면 무엇이 필요할까요?

바로 스스로 결정할 기회입니다. 기회는 경험이고, 경험은 발달을 이끌어냅니다. 경험하지 않고 무언가를 잘하게 되는 법은 없습니다. 하지만 많은 부모들은 아이들에게 스스로 결정할 기회를 주지 못합니다. 아이가 스스로 결정하도록 내버려두면 실패할 것이 두려우니까요.

아이는 여유를 부리다 지각을 하기도 하고, 너무 서두르다 준비물을 빼먹기도 합니다. 친구에게 양보는 했지만 속으로는 마음이 상하기도 하고, 내 주장을 강하게 펴다가 친구의 마음을 상하게도 합니다. 부모, 학교, 사회의 규칙에 제한을 당하기도 합니다. 그럴 때면 억울함을 느끼고 좌절을 느끼기도 합니다. 가끔은 반항을 하기도 할 거예요.

아이가 실패하는 모습을 참을 수 없는 부모는 성급하게 끼어듭니다. 아이의 행동을 빠르게 바꾸기 위해 강제적인 방법을 사용하게 됩니다. 아이를 무섭게 혼내거나 윽박지르게 될 수도 있고요. 아이가 원하는 것을 손에 쥐고 협박을 하기도 합니다. 꼭 아이를 무섭고 강압적으로 대하는 것만 여기에 해당되지 않습니다. 아이의 비위를 맞추거나 애원하거나 뇌물을 주면서 아이를 구슬리기도 합니다.

어쩌면 성급한 방법들이 더 빠르게 성과를 보일지도 모릅니다. 아이는 부모가 무서워서 말을 듣거나, 뇌물이나 벌에 휘둘려 부모의 지시에 복종합니다. 하지만 이러한 훈육 방식은 아이가 중요한 것을 배울 기회를 박탈합니다. 바로 문제를 해결하고 스스로 좋은 선택을 하는 능력이지요.

훈육의 주체는 나, 즉 부모입니다. 우리는 우리의 몫이 어디까지인지 잘 알고 그것에 집중해야 합니다. 부모의 역할은 알려주는 것입니다. 알려주는 데에는 여러 가지 방법이 있을 수 있고, 어떤 것은 알려주기 쉽지만 어떤 것은 아주 오랜 시간을 공들여야 합니다. 부모가 어제도, 오늘도, 내일도 알려주며 부모의 몫을 꾸준히 한다면 그다음은 아이 스스로 변화할 차례입니다. 의사결정을 하는 사람은 부모가 아니라 아이니까요.

여기서부터는 훈육이 아니라 학습입니다. 부모가 매일매일 알려준 것들이 뇌에 정보로 입력되고, 충분히 많은 정보가 쌓이면 뇌가 그것을 규칙으로 받아들이게 돼요. 세상에 기준이 있다는 것을 깨닫는 거죠. 좋은 행동을 선택하기 위해서는 중요한 기준들을 잘 배워야 합니다. 그리고 아이는 실패를 통해 배웁니다. 아이가 경험하는 성공과 실패는 뇌에 차곡차곡 쌓여 아이가 세상의 이치를 깨닫도록 도와줍니다. 우리는 이 경험을 아이에게서 빼앗아서는 안 됩니다.

아이의 성장을 위해 훈육하라

행동이 변화하는 데에는 학습이 필요합니다. 서준이의 이야기로 돌아가보겠습니다. 서준이가 물건 던지기를 그만두려면 여러 가지가 필요합니다. 일단 서준이는 자신이 겪고 있는 상황이 무엇인지 알아야 해요. 그리고 그 상황에 '던지기'라는 행동이 적절치 않다는 것을 배워야 하고요. 상황에 맞는 다른 행동이 무엇인지도 알아야 합니다. 여기까지만 해도 쉬운 여정은 아닙니다. 하지만 아직 끝이 아니에요. 아이가 적절한 행동이 무엇인지 아는 것만으로는 실천으로 옮길 수 없습니다. 비슷한 상황에서 꾸준히 행동을 반복한 뒤에야 비로소 자연스럽게 새로운 행동이 자리 잡게 됩니다. 여기에서 설명한 과정은 모두 서준이의 내면에서 일어나는 것입니다. 서준이의 행동이 변하려면, 서준이가 깨닫고 배워야 합니다. 서준이의 몸에 새로운 행동이 익숙해져야 합니다. 이것을 서준이 엄마가 대신해줄 수는 없습니다.

아이가 좋은 선택을 하기 위해 필요한 능력은 이렇게 세 가지로 요약할 수 있습니다.

- **이해력:** 지금 무슨 일이 일어나고 있는지 이해하고, 해결해야 하는 문제를 인식하기
- **판단력:** 어떤 선택이 더 좋은지, 어떤 선택이 더 옳은지 판단하기
- **실천력:** 머릿속의 선택을 행동으로 옮기기

따라서 부모는 아이가 나의 말을 잘 듣게 만드는 것보다 먼저 이런 문제들을 고민해보아야 합니다.

- 아이가 겪고 있는 문제는 무엇인가
- 그 문제를 해결하기 위해 선택해야 할 행동이 무엇인가
- 그 행동을 하기 위해 어떤 능력을 키워야 하는가

훈육의 목표는 아이의 성장입니다.

성장에 필요한 것은 복종이 아니라 배움입니다.

훈육은 부모가, 학습은 아이가 하는 것입니다. 부모는 가르치고, 아이는 배웁니다. 훈육은 부모가 이 경계를 바로 알고, 아이가 세상의 규칙과 도리를 잘 배우고 좋은 선택을 하는 능력을 기르도록 이끌어 주는 것입니다.

'가르치고 이끈다'에서 오늘의 훈육 목표는 끝났습니다. 간단하지요? 가르쳐주었다면 오늘치 훈육은 성공입니다. 그리고 내일 아이가 또 같은 실수를 반복한다면, 우리는 다시 가르칠 것입니다. 그러면 내일의 훈육도 성공할 것입니다. 그렇게 아이의 깨달음과 변화를 믿고 기다리며 조금씩 나아갑니다.

훈육은 아이를 돕는 일이며, 사랑하는 일입니다. 아이의 미래를 위한 일입니다. 부모는 가르침을 통해 자신감을 느끼고, 아이는 배움을 통해 안전함과 유능함을 느낍니다. 그렇게 아이는 더 나은 선택을 하는 사람으로 자라납니다. 하루가 끝나면 아이는 부모의 애정을 확인하고 기분 좋게 잠이 듭니다. 부모는 아이를 충실히 사랑했기에 편안하게 오늘을 마무리할 수 있습니다.

이 책을 읽는 독자님들이 책을 덮을 때쯤에는 이렇게 꽉 찬 마음으로 하루를 마칠 수 있기를 응원합니다.

똑똑한 뇌를 키우는 훈육법은 따로 있다

아이의 성장은 곧 뇌의 발달입니다. 한국의 부모님들은 교육열이 높기로 유명하지요. 그만큼 아이의 성적 향상이나 뇌 발달에 관심을 많이 기울입니다. 하지만 이와 반대로 훈육의 문제에 있어서는 대단히 보수적입니다. 훈육을 통해 아이를 똑똑하게 키우겠다는 목표를 가진 부모는 쉽게 만날 수 없습니다.

뇌 발달의 목표는 태어난 어린 개체가 잘 생존해서 성인 개체로 자라야 하고, 성인이 되었을 때 필요한 행동들을 잘 배워서 다 큰 이후에 삶을 잘 살아가는 것입니다. 여기에서 '필요한 행동'이란 내가 어떤 종의 동물로 태어났는가에 따라 다르겠죠.

사자로 태어났다면 어떨까요? 초원의 어미 사자는 새끼 사자들과 함께 생활하면서 생존에 필요한 기술을 하나씩 가르칩니다. 어릴 때는 무리 속에서 안전하게 숨는 법을 배우고, 다른 사자들과 놀면서 사냥하는 기술을 연마합니다. 새끼들은 어른 사자들을 지켜보며 어디에서 사냥할 수 있는지, 어디에서 기다려야 하는지, 어떻게 먹이를 잡는지를 배웁니다. 어미 사자는 사자로서 알아야 할 것, 살아남기 위해 필요한 모든 것을 몸소 보여주며 새끼를 성장시킵니다. 위험과 안전의 경계를 배우고, 무리의 규칙과 위계를 따르고, 다른 사자들과 협력하고 소통하는 법을 터득합니다. 새끼 사자가 성체가 되어 독립할 때쯤이면, 그동안 배운 것을 바탕으로 먹이를 사냥하고, 자신을 보호할 수 있게 됩니다. 이것이 훈육이며, 학습이자 뇌의 발달입니다. 훈육 없이는 제대로 성장하기 어렵습니다.

사람은 가장 복잡한 생활 양식을 갖고 살아가기 때문에 배워야 할 것이 참 많습니다. 언어로 의사소통도 해야 하고, 서로 어우러져 살아가기 위해 적절한 사회적 행동과 감정의 조절도 배워야 합니다. 훈육은 아이의 감정 조절, 자기 통제, 문제 해결 능력을 발달시키는 중요한 기회이고, 아이의 사회적, 정서적 성공을 좌우하는 뇌 발달의 과정입니다.

훈육에 대한 세 가지 오해

훈육과 뇌 발달이라니, 금방 와닿지 않는 분들도 계실 거예요. 그것은 아마도 훈육에 대해 갖고 있는 오해에서 비롯되었으리라 생각합니다. 훈육은 단순히 아이에게 어떤 행동을 하라고 요구하거나, 하지 말라고 금지하거나, 부모의 말에 아이를 복종시키는 것이 아니에요. 그렇게 생각하면 훈육으로 아이를 똑똑하게 키울 수 있다는 말이 잘 와 닿지 않을 수밖에 없습니다.

부모들이 흔히 갖고 있는 훈육에 대한 오해들을 살펴보고 좋은 훈육이란 어떤 것인지 생각해보도록 하겠습니다.

+ 훈육은 행동의 지시나 명령이다: Yes and No

잘못된 행동을 금지하거나 필요한 행동을 요구하는 훈육도 있지만 그것이 훈육의 전부는 아니에요. 예를 들어, 숙제를 하지 않고 했다고 거짓말을 하는 아이에게는 거짓말을 하지 말라고 지시하기보다는 아이가 왜 거짓말을 선택했는지를 이해하는 것이 필요해요. 아이는 이유 없이 거짓말을 하지 않거든요.

아이가 숙제를 혼자 감당하지 못하는 이유, 어른들에게 솔직하게 말하지 못한 이유 등을 알아내고 그 문제를 해결하도록 도와야 합니다. 그래야만 아이가 '정직'이라는 가치를 선택할 수 있게 되니까요. 성공적인 훈육은 단순히 행동을 교정하는 것을 넘어 아이가 '아직' 할 수 없는 것을 가르쳐 '결국' 할 수 있는 상태로 성장시키는 것입니다.

+ 훈육은 창의성과 자율성을 방해한다: No

어른이 규칙을 만들고 아이에게 무조건 따를 것을 지시하면 아이는 창의적인 사고를 할 기회를 잃어버립니다. 훈육은 아이가 선택의 기로에서 좋은 행동을 선택하도록 가르치고 도와주는 것일 뿐, 아이가 스스로 사고하는 것을 막을 이유는 없어요. 아이가 직접 해결책을 생각하고, 자신의 아이디어를 실험하고, 더 좋은 방안을 생각하도록 기회를 주세요. 훈육을 부모와 자녀 사이의 깊은 대화의 기회로 삼고, 아이에게 스스로 판단할 기회를 준다면 아이는 얼마든지 창의적인 문제 해결자로 성장할 수 있습니다.

+ 훈육은 아이의 자존감을 낮춘다: No

아이의 자존감을 낮추는 것은 훈육이 아니라 비난입니다. 훈육은 아이의 잘못과 약점을 찾아내어 공격하고 혼내는 것이 아니에요. 비슷한 상황이 또 발생했을 때 아이가 오늘보다 더 나은 선택을 하기 위해 배우고 연습하는 과정이에요. 학습은 뇌에 축적되고, 배우고 난 다음의 뇌는 배우기 전의 뇌와 같을 수 없습니다.

좋은 훈육은 아이를 더 나은 사람으로 만들고, 아이에게 문제를 해결할 수 있다는 자신감을 길러줍니다. 아이가 다른 사람들과 어울려 살아가기 위해 마땅히 배워야 할 것을 배우지 못한다면 그것이야말로 장기적으로 아이의 사회성과 자존감을 떨어뜨릴 거예요.

좋은 결정을 위해 필요한 것들

저는 '의사결정 신경과학'이라고 부르는 학문 분야를 전공했습니다. 사람의 뇌가 어떻게 의사결정을 하는가를 연구하는 분야입니다. 아이를 낳고 엄마가 되고 나니 의사결정의 렌즈로 아이들을 바라보는 것이 참 재미있더라고요.

의사결정이란 여러 대안 중에서 하나의 행동을 고르는 정신적 활동을 말합니다. 한마디로 무언가를 선택한다는 뜻입니다. 선택은 참 어려운 일이에요. 간단하게는 식당 메뉴판의 수많은 메뉴 중에서 오늘 점심 식사로 먹을 하나의 음식을 고르는 것부터 어떤 직업을 가질 것이며 이 사람과 결혼을 할지 말지를 선택하는 인생의 중차대한 결정까지 삶은 선택의 연속이지요.

의사결정을 잘 하기 위해서 우리에게 꼭 필요한 능력은 예측입니다. 예측이란 특정 상황에서 무슨 일이 일어날지를 파악하려는 시도를 의미합니다. 예측을 하기 위해서는 우선 현재의 의사결정 상황을 잘 이해해야 하고, 내 머릿속에 필요한 규칙들이 있어야 합니다.

아침에 일어나 오늘 입을 옷을 고른다고 생각해봅시다. 우리는 먼저 오늘의 의사결정에 필요한 '정보'를 모읍니다. 오늘의 날씨나 일정, 나의 기분 등은 중요한 정보를 제공합니다. 그다음에는 규칙들을 바탕으로 옷을 평가합니다. 예를 들면 다음과 같은 규칙들이 있을 수 있습니다.

- 일기예보에 해님 표시가 있으면 날이 맑을 것이다.
- 체육 수업을 할 때는 편안한 복장이 필요하다.
- 달리기를 하려면 운동화를 신어야 한다.
- 공주 드레스를 입으면 기분이 좋을 것이다.
- 고양이 티셔츠를 입고 친구와 고양이 놀이를 하면 재미있을 것이다.

규칙이 있다고 해서 모두 좋은 선택을 하는 것은 아닙니다. 좋은 선택을 하려면 무엇이 더 중요한지를 알아야 합니다. '내가 무엇을 입고 싶은가'는 물론 중요한 가치이지만, 가끔은 희생해야 할 때도 있습니다. 아이들은 아직 규칙도 배우는 중일 뿐더러, 어떤 기준이 더 중요한지도 잘 모릅니다. 그래서 집 앞 슈퍼에 잠시 나갈 때에도 공주 드레스로 치장을 하고, 운동 수업이 있는 날인데도 반짝이 구두를 신고 가겠다고 고집을 부립니다.

날씨, 활동, 그리고 옷차림 사이의 분명한 규칙을 갖고 있고, 어떤 것이 더 중요한가(어른에게는 공주가 되고 싶은 마음보다는 오늘 체육 수업이 있다는 사실이 더 중요하겠죠?)를 명확하게 알고 있는 부모의 입장에서는 아이가 도무지 이해되지 않습니다. 하지만 아이의 마음은 다릅니다. 멋진 슈퍼맨 티셔츠를 입고 하늘을 날아가듯 그네를 타고 싶거든요. 반팔을 입고 나갔다가는 추워서 많이 놀지 못할 것이라는 예측은 아이에겐 어려운 일입니다. 그러다 콧물이 나면 주말에 가기로 한 썰매장에 갈 수 없다는 부모의 말은 티셔츠와 콧물, 그리고 썰매의 연관성을 모르는 아이 입장에서는 잘 이해되지 않습니다. 그냥 지금 내가 슈퍼맨 놀이를 하고 싶은 것이 중요할 뿐이지요.

규칙은 미래를 예측하는 힘입니다. 우리는 경험을 통해 뇌 안에 정보를 축적하고, 축적된 정보 속에서 규칙을 발견합니다. 아이들의 뇌는 이것을 잘 하도록 프로그램되어 있습니다. 우리 아이가 말썽쟁이라 옷 입을 때마다 고집을 피우는 것이 아니에요. 그저 필요한 것은 좋은 정보와 충분한 반복뿐입니다. 수많은 날을 반복하면서 아이는 아침이면 해가 뜨고 밤이면 해가 진다는 것, 내가 자는 동안 엄마는 사라지지 않는다는 것, 쏟아진 우유는 주워 담을 수 없다는 것을 알게 됩니다. 그리고 겨울에 반팔 티셔츠를 입으면 춥다는 사실도 알게 되지요. 규칙은 예측을 가능하게 하고, 예측은 선택을 가능하게 합니다. 이것이 의사결정 능력의 시작입니다.

아이는 자랄수록 세상에 대한 규칙을 더 많이 알게 되고, 그 규칙들은 점점 복잡해집니다. 아이가 해야 하는 의사결정도 더 복잡해지고요. 심지어는 기존에 배운 적이 없는 대안을 만들어내야 할 때도 있습니다. 아이는 친구와 갈등이 있을 때 어떻게 의사를 표현해야 싸우지 않고 합의에 도달할 수 있는지, 주말에 놀러 가기 위해 미리 숙제를 다 마치려면 오늘 얼마나 공부를 해야 하는지 계산할 수 있게 됩니다. 그리고 더 크면 어떤 일을 하면서 살고 싶은지, 또 어떤 사람과 만나야 나의 삶이 더 행복하고 풍요로워지는지를 알게 될 거예요. 부모가 제시해줄 수 있는 것보다 더 창의적이고 새로운 답을 찾을 것입니다.

의사결정은 복잡한 인지 기능입니다. 아직 뇌가 발달 중인 어린아이에게는 쉽지 않은 일입니다. 물론 어른에게도 그렇고요. 좋은 의사결정 능력을 기르기 위해서는 어려서부터 여러 상황을 잘 이해할 수 있도록 알려주고, 무엇이 좋은 선택인가를 지도하는 훈육이 필요합니다. 좋은 훈육은 뇌를 좋은 의사결정 시스템으로 만들어줍니다.

가르친 것은 배우지 않고 하지 말란 것만 하는 이유

의사결정 훈육의 목표는 단순히 규칙을 알려주는 것이 아닙니다. 아이가 스스로 규칙을 이해하고, 좋은 결정을 내릴 수 있도록 돕는 데 있습니다. 훈육은 부모의 몫이고, 학습은 아이의 몫입니다.

성공적인 훈육은 뇌의 학습 과정을 이해하는 것에서 시작됩니다. 우리가 지금까지 숱하게 경험해본 것과 같이 아이의 뇌는 말로 일러준다고 해서 바로 학습하지 않습니다. 만약 그랬다면 "왜 내 아이는 아무리 알려줘도 자꾸 같은 실수를 반복할까?" 혹은 "하라고 시킨 적도 없는데 어쩜 저렇게 아빠랑 똑같이 행동할까?" 같은 의문은 들지 않겠지요.

뇌는 어떻게 세상을 배울까요? 신기하게도 아기는 시간이 지날수록 저절로 깨우치는 것들이 많습니다. 엄마와 아빠의 얼굴을 구분하고, 낯선 사람이 자신을 안으면 울며 불편함을 표현하기도 하는 것처럼요. 아이는 '반짝반짝 작은 별' 노래도 부르고, 강아지와 고양이를 구분하며, 물병 뚜껑도 바르게 닫을 수 있습니다. 딱히 가르친 적도, 하라고 시킨 적도 없는데 말이에요.

부모가 그토록 가르치고 싶어 하는 것은 귀에 딱지가 앉도록 잔소리해도 배우지 않고, 가르친 적 없는 것은 쏙쏙 빨아들이는 이유, 궁금하시지요? 그 해답은 뇌가 세상을 배우는 방식에 있습니다. 이제, 아이의 뇌가 규칙을 학습하고 스스로 행동하는 법을 배우는 과정을 살펴보겠습니다.

뇌는 패턴을 인식한다

훈육에서 가장 중요한 부분 중 하나는 아이에게 '규칙'을 가르치는 일입니다. 부모들은 아이가 규칙을 따르길 바라며 수없이 설명하고 반복하지만, 정작 규칙이 무엇을 의미하는지 제대로 생각해본 적은 많지 않을 거예요. 규칙은 단순히 "이건 하면 안 돼!" "이건 해야 돼!"라는 지침이 아니에요. 규칙은 세상 속에 존재하는 패턴입니다. 패턴은 아이가 세상을 이해하고, 예측하며, 행동을 선택하는 기본 틀을 제공합니다.

뇌는 주변에서 일어나는 수많은 일들의 '패턴'을 분석하는 능력을 갖고 있습니다. 아이들은 책이나 수업으로 배우기보다는 반복되는 경험 속에서 패턴을 분석하며 규칙을 깨우칩니다. 말해주지 않아도, 스스로 말이죠.

예를 들어, 아이가 말을 배우는 과정을 떠올려보겠습니다. 아이는 산책길에 옆집 강아지를 만났습니다. 엄마가 말합니다.

"어머, 강아지가 있네. 강아지도 산책 나왔나 봐. 강아지야 안녕? 멍멍이 안녕?"

아이는 눈앞에서 움직이는 무언가와 말 사이의 관계를 처음에는 파악하지 못합니다. 하지만 여러 차례에 걸쳐 강아지를 만나고, 그때마다 양육자가 강아지를 바라보거나 가리키며 '강아지'라고 말하는 것을 듣습니다. 반복적인 경험을 통해 실제 강아지와 '강아지'라는 말이 함께 발생하는 패턴을 깨우치면 아이의 뇌는 '강아지'라는 소리가 네 발로 기어다니는 작은 무언가를 가리키는 말이라는 규칙을 알게 됩니다.

그러다 어느 날 고양이를 만납니다. 아이가 반갑게 "강아지!" 하고 외칩니다. 그런데 이번에는 의외의 말이 들려옵니다.

"저건 강아지가 아니라 고양이야. 고양이."

이건 또 무슨 일인가요. 분명히 네 발로 걸어다니며 꼬리가 살랑살랑 흔들리는 털북숭이는 강아지인 줄 알았는데 말이죠. 내가 갖고 있던 규칙이 깨졌습니다. 강아지와 고양이를 반복적으로 만나다 보면, 아이는 두 동물의 차이를 더 세밀하게 관찰하며 새로운 패턴을 깨우칩니다. 눈의 모양이나 움직임 같은 차이를 알아차리면서, 아이는 업

데이트 된 정보를 통해 강아지와 고양이를 구분하는 정교한 규칙을 배우게 됩니다.

패턴의 인식은 우리의 생존을 위해 없어서는 안 될 능력입니다. 숲의 왼쪽에는 열매가 많이 열리는 나무들이 있고, 오른쪽에서는 사나운 늑대 무리의 울음소리가 들립니다. 뇌는 이 패턴을 인식해 '배고플 때는 왼쪽으로 가야 열매를 먹을 수 있고, 해가 지면 오른쪽은 위험하다'는 규칙을 만듭니다. 이 규칙 덕분에 우리는 보상에는 가까이 다가가고, 위험은 회피하는 선택을 할 수 있습니다. 패턴의 인식은 아이가 세상을 이해하고 예측하며, 좋은 행동을 선택하는 중요한 도구입니다.

우리의 영원한 고민, "우리 아이는 왜 이렇게 말을 안 들을까?"를 떠올려봅시다. 많은 부모들은 "내 권위가 부족한 걸까?" "아이가 나를 무시하는 건가?" 같은 생각을 하곤 합니다. 자다가도 엄마 말을 들으면 떡이 나온다고 하는데 말이에요. 저는 이 질문에 이렇게 답하곤 합니다.

"엄마 말을 들어봤자 더 큰 떡이 없어서 그렇습니다."

아이들이 말을 듣지 않는 이유는 단순한 고집이나 반항 때문이 아닙니다. 이는 아이의 뇌가 지금까지 경험을 통해 만들어낸 규칙 체계가 부모의 말과 일치하지 않기 때문입니다. 예를 들어, 아이가 숙제와 놀이 중 놀이를 선택하는 이유는 뇌가 '놀이는 즉각적인 재미와 즐거움을 준다'는 패턴을 학습했기 때문입니다. 반대로 숙제는 '지루하고, 어렵고, 즐겁지 않다'는 패턴을 학습했을 테고요. 숙제보다는 놀이의 떡이 더 큰 것이지요. 그러니 둘 중에 하나를 고르라고 하면 놀이를 고를 수밖에요.

규칙이란 부모가 '숙제 먼저 하고 놀기'라고 선언해서 생기는 것이 아니라 아이가 지금까지 경험한 떡의 크기로 만들어집니다. 아이들은 결국 '이 행동이 나에게 어떤 떡을 줄까?'를 기준으로 행동합니다. 우리는 이 떡을 '보상'이라고 부릅니다. 뇌가 선택을 내릴 때에는 이전 경험에서 학습한 규칙과 보상이 중요한 기준이 됩니다. 부모의 훈육이 아이의 행동을 바꾸려면, 뇌의 보상 체계가 새로운 규칙을 학습해야 합니다.

아이를 좋은 선택으로 이끄는 도파민의 비밀

학습을 설명하는 이론적 모델은 많이 있습니다. 많은 학습 모델 중에서도 가장 기본이 되는 고전적 조건화 모델을 살펴보며 뇌가 규칙을 학습하는 과정을 좀 더 들여다보겠습니다.

아마도 많이 들어보셨을 '파블로프의 개' 실험 이야기입니다. 이 실험에서는 개가 한 마리 등장합니다. 개에게 맛있는 먹이를 주면 개는 절로 입안에 침이 나옵니다. 침이 나오는 반응을 유발하는 자극인 먹이를 우리는 무조건 자극이라고 부릅니다. 무조건 자극이 주어지면 따로 가르쳐주거나 훈련하지 않아도 반사적으로 침이 나옵니다.

어느 날인가부터 간식 시간이 되면 "땡!" 하고 종소리를 울리기 시작합니다. 처음 종을 쳤을 때 개는 별다른 반응을 보이지 않아요. 특히 침샘에서는 아무 일도 일어나지 않죠. 종소리는 먹는 것이 아니니

파블로프의 개 실험

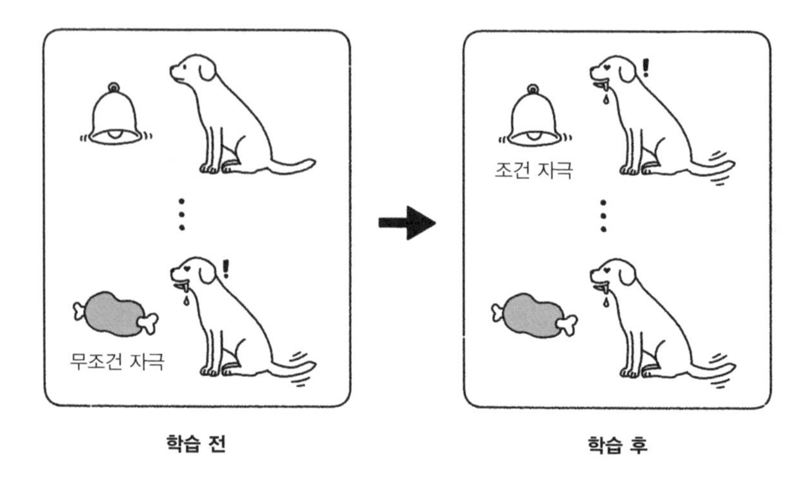

까요. 종소리에 반응을 보인다면 아마도 소리 나는 쪽으로 귀를 쫑긋 하는 정도일 거예요.

오늘도 종을 치고 먹이를 주고, 내일도 종을 치고 먹이를 주고, 이렇게 여러 차례에 걸쳐 두 가지 자극을 함께 주다 보면, 개는 종소리와 먹이 사이의 패턴을 인식합니다. 그 뒤로 종소리를 들으면 개의 입 안에는 침이 고입니다. 이렇게 학습된 자극을 조건 자극이라고 부릅니다. 이제 종소리는 단순한 소리가 아니라 먹이를 예측하는 자극입니다. 개는 조건 자극(종소리) 뒤에 무조건 자극(먹이)이 함께 온다는 규칙을 학습했습니다. 아주 기본적인 형태의 학습입니다.

아이들도 어린 나이부터 이런 과정을 통해 세상의 패턴을 깨우치게 됩니다. 아기에게 젖병에 분유를 타서 주다 보면 아기는 젖병을 흔들면서 나오는 사람을 보면 눈을 반짝이며 팔다리를 휘젓습니다. 누군가 저 병을 갖고 나오면 나에게 먹을 것을 준다는 사실을 깨우친 것이지요.

이러한 학습 과정에서 핵심적인 역할을 하는 것이 바로 뇌 속의 신경전달물질인 도파민입니다. 도파민은 뇌가 보상의 패턴을 학습하고 예측하여 행동을 선택하도록 돕는 주요 신경전달물질로, 아이들의 규칙 및 행동 학습에 큰 영향을 미칩니다.

도파민은 결과를 예측한다

파블로프의 실험에서 처음 먹이가 나왔을 때에 개의 뇌 안에는 도파민이 분비됩니다. 먹이가 나오리라고 예상하지 않았는데 좋은 결과가 나타났기 때문이죠. 종소리를 들려준 후 먹이 주는 패턴을 반복해 학습이 일어나면 개는 종소리가 울리면 곧 먹이가 나온다는 것을 예측합니다. 이때부터는 "땡!" 소리가 날 때 도파민이 분비됩니다. 신기하지요? 개는 아직 먹이를 받지도 않았고, 먹이를 먹은 것은 더더욱 아닌데 말이에요. 먹이의 예측으로 도파민이 분비된다는 것은 종소리에는 먹이 만큼의 가치가 있다는 것을 학습했다는 의미입니다.

아이가 어떤 행동을 하고 나서 좋은 결과를 얻으면 아이의 뇌에서는 도파민이 분비되고 '이건 정말 좋다'는 신호를 만들어냅니다. 이런 일이 반복되면 뇌는 이 행동을 '가치가 높은 것'이라고 학습합니다. 안와전두피질과 복내측전전두피질은 이렇게 도파민 신호를 바탕으로 가치의 크기, 비용과 효익, 그리고 결과가 일어날 확률 등을 종합적으로 계산하는 역할을 해요. 그 결과를 토대로 뇌는 '이건 좋아' 혹은 '이건 별로야'라는 판단을 내리게 되죠.

수학 문제집을 세 장 풀 때마다 칭찬 스티커를 주겠다고, 30개를 모으면 선물을 사준다고 유혹해도 별로 소용이 없는 이유는 수학 문제집과 스티커 간에는 대단한 연결성도 없고, 스티커는 한두 번 받다 보면 그 매력이 시들해져 도파민을 팡팡 터뜨리지 못하기 때문입니다. 그거 하나 받자고 앉아서 문제집을 풀기엔 너무 재미가 없기도 하고요.

그보다는 머리에 쥐가 나도록 고민하던 문제가 "아하!" 하고 풀렸을 때의 짜릿함이 훨씬 더 매혹적입니다. '어라, 이거 의외로 재밌는데? 할 만한데? 나 좀 멋진데?'라는 기분이 다음 문제에 도전하게 만들지요. 이것이 우리가 원하는 도파민 분비이고, 동기부여이고, 행동의 변화입니다. 열심히 공부해서 어려운 문제들을 격파하는 것이 꿀맛이라는 사실을 알게 되면, 아이는 비로소 스스로 숙제를 선택할 수 있게 됩니다.

도파민은 실패를 통해 학습한다

잠시 파블로프의 개 실험으로 돌아가보겠습니다. 만약 종소리가 들려도 먹이가 나오지 않으면 어떻게 될까요? 기다리던 먹이가 나오지 않는다면 개의 예측은 실패하게 됩니다. 기존에 학습한 것과 다른 결과가 나오는 '예측 오류'가 생긴 것이죠.

도파민은 예측과 다른 결과가 나오는 것에 민감합니다. 기대했던 먹이가 나오지 않으면 도파민 분비는 평소보다 더욱 낮아집니다. 이것을 억제 현상이라고 부릅니다. 말하자면 '실망의 값'이라고나 할까요. 뇌는 이 값을 학습하여 종소리의 값어치를 새롭게 기억해둡니다. 만약 종소리 뒤에 먹이가 나오지 않는 것이 반복되면 개는 종소리와 먹이 사이의 연합이 더 이상 없다는 것을 새롭게 학습하고, 종소리를 들어도 더 이상 침이 나오지 않게 됩니다. 뇌 속에서 종소리와 먹이 사이의 패턴이 사라집니다.

예측 오류는 일종의 실패입니다. 실패는 학습에서 가장 중요한 사건입니다. 예측이 딱 들어맞는다면 이미 다 배운 것이므로 더 주의를 기울이고 노력할 필요가 없고, 예측이 틀렸을 때는 학습이 충분하지 않은 것이므로 '지금 이 일을 열심히 배워야 한다'는 의미입니다. 이것이 아이들에게 성공과 실패의 경험이 모두 중요한 이유입니다.

아이들은 종종 저녁까지 놀다가 뒤늦게 숙제를 시작합니다. 충분히 할 수 있을 줄 알았거든요. 하지만 막상 늦은 시간에 숙제를 하다

도파민 분비와 학습의 관계

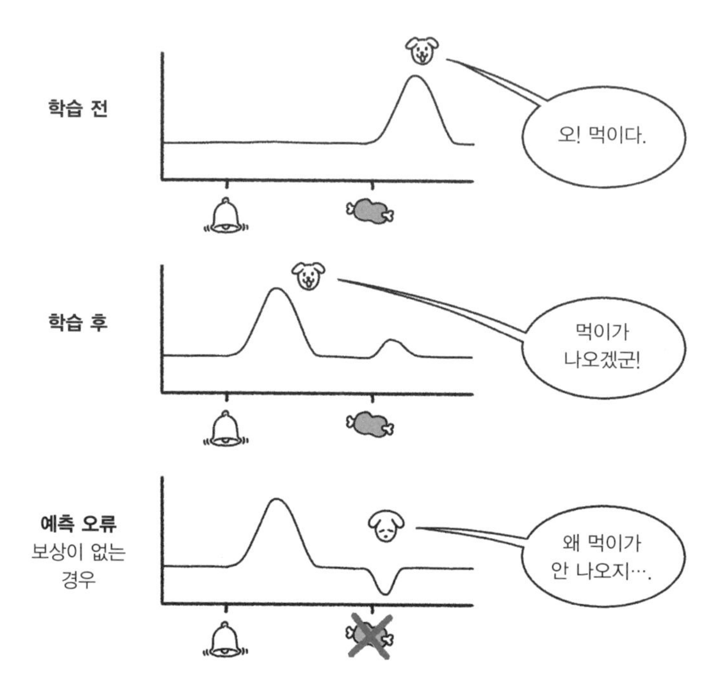

- **학습 전:** 먹이가 나오면 평소보다 도파민이 많이 분비됩니다.
- **학습 후:** 종소리가 들리면 먹이가 나온다는 예측이 가능하므로 도파민 분비가 종소리를 들은 시점으로 옮겨옵니다.
- **예측 오류(보상이 없는 경우):** 기대에 못 미치는 결과를 얻으면 도파민 분비가 낮아집니다.

보니 피곤하고 졸음이 와서 마치지 못하지요. 다음 날 숙제를 제출하지 못해서 불이익을 받았다면 그것은 좋은 학습 기회를 제공합니다. 미리 숙제를 마치는 것이 끝까지 미루는 것보다 낫다는 사실을 깨닫게 될 테니까요. 가끔은 '당해보는' 것도 나쁘지 않습니다.

아이가 충분히 가치를 학습하여 규칙을 알게 되었다면 이제 아이는 좋은 선택을 할 준비가 되었습니다. 하지만 그것이 언제나 똑같은 선택을 한다는 의미는 아닙니다. 세상에 똑같은 의사결정이란 없거든요.

아이의 뇌는 상황에 맞추어 어떤 선택이 가장 적합한지를 평가하고, 내가 이 행동을 할 수 있을지도 가늠해봅니다. 맛있는 음식도 배고플 때는 먹고 싶지만 배부를 때는 먹기 싫어지고, 똑같은 분량의 숙제라도 피곤할 때는 하기 싫어집니다. 하지만 더 큰 목표를 위해서라면 피곤해도 더 힘을 내어볼 수도 있지요. 내가 무엇을 원하는지를 깨닫고, 그에 맞는 선택을 하도록 아이의 뇌는 이 모든 것을 차근차근 배우는 중입니다. 말하자면 더 큰 떡을 고르는 능력을 키워가고 있는 것이지요.

도파민 시스템은 우리에게 세상을 가르치고, 목표에 맞는 행동을 선택하도록 돕습니다. 이 시스템이 잘 작동하지 못하면 우리는 좋은 선택을 내리지 못합니다. 해야 할 일을 계속 미루거나, 위험한 행동을 하기도 하고, 강한 쾌감을 일으키지만 몸을 해치는 보상에 중독되기도 합니다.

뇌의 의사결정 시스템은 천천히 발달하며, 성인 초반까지도 완전히 성숙하지 않습니다. 따라서 부모는 아이가 가치 평가와 판단을 잘할 수 있도록 꾸준히 가르쳐야 합니다. 아이가 잘못된 선택을 했다면 아직 충분히 학습하지 못했기 때문입니다. 배우지 않은 것을 해내기란 어려운 법이니까요. 아이가 좋은 선택을 하길 바란다면, 성장을 위한 훈육을 시작하시길 바랍니다.

2장 아이가 저절로 따르는 훈육의 원칙

언제나 똑같이 대하는 것이 일관성은 아니다

아이에게 가르쳐주어야 할 것은 참 많습니다. 식사 예절도 가르쳐야 하고, 인사하는 법도 가르쳐야 하고, 친구들과 사이좋게 어울리는 법도 가르쳐야 하죠. 그래도 마음을 가다듬고 하나씩 차근차근 가르쳐봅니다. 아이가 마땅히 지켜야 할 규칙을 알려주고, 한번에 잘 따르지 못하더라도 여러 번 알려줍니다. 과연 어디서부터 어떻게 알려주어야 할까요?

우선 규칙을 알려주는 법을 이해해봅시다. 규칙이란 단순히 무작위로 반복되는 것이 아니라 일정한 패턴이 있을 때 성립됩니다. 아래는 아이들이 푸는 수학 문제집에 종종 등장하는 패턴 문제입니다.

ABC ABC ABC AB□

ABC ABC ABC와 같이 반복되는 패턴이 있을 때, 우리는 빈칸에 'C'가 올 것이라고 예측할 수 있어요. 만약 ABC ABS ABN 하고 계속 바뀐다면 예측이 어렵겠지요. 규칙이 규칙으로서 받아들여지려면 '예측 가능성'이 중요합니다.

훈육에 대해 말할 때 빠지지 않고 꼽히는 것이 바로 일관성입니다. 일관성이란 처음부터 끝까지 변함없이 꼭 같은 성질이라고 정의합니다. 즉, 훈육에서 말하는 일관성이란 얼마나 똑같이 가르치는가, 혹은 규칙에 얼마나 예외가 없는가의 문제입니다. 훈육에서 일관성을 강조하는 이유는 바로 패턴이 주는 예측 가능성 때문입니다. 예외가 없을수록 예측이 쉬워지지요. 만약 훈육이 일관적이지 않고, 이랬다저랬다 자꾸 바뀐다면 아이는 규칙을 인식하기 어렵게 됩니다. 규칙이란 반복적 패턴을 바탕으로 하고, 그에 따른 예측을 가능하게 해주기 때문에 예측이 불가능하다면 규칙으로서 기능을 한다고 보기 어렵습니다.

앞서 소개한 파블로프의 개 실험으로 잠시 돌아가볼게요. 종소리 뒤에 먹이가 100%의 확률로 항상 나온다면, 개는 종소리의 가치를 100으로 인식하게 됩니다. 하지만 10번 중에 1번은 무작위로 먹이가 나오지 않는다면 어떻게 될까요? 여전히 둘 간의 관계를 배울 수 있습니다. 다만 종소리의 가치가 100이 아니라 그보다 좀 떨어질 뿐이죠. 먹이가 50%의 확률이 나온다거나 먹이가 나오긴 나오는데 나오는 시점이 자꾸 달라진다거나, 종소리만 울릴 때와 종소리가 울리면서 불빛이 깜빡일 때 다른 먹이가 나오는 등 점점 복잡한 환경을 제시

해도 개는 관계를 배울 수 있습니다. 다만 조건이 달라지면 도파민 신호에도 차이가 생기고, 배우는 속도도 달라지겠죠. 즉, 규칙의 결과가 언제나 똑같아야 하는 것은 아닙니다.

많은 부모님들이 훈육의 일관성을 지키기 위해 두 가지 노력을 합니다. 하나는 아이에게 같은 행동을 하도록 요구하는 것, 다른 하나는 상황이나 기분에 따라 훈육을 바꾸지 않고 같은 태도로 아이를 가르치는 것입니다. 그래야 일관성이 100%에 가까워지고 훈육이 성공할 거라고 생각하게 되죠.

안타깝지만 둘 다 좋은 목표가 아닙니다. 첫째로, 아이가 언제나 같은 행동을 하는 것도, 부모가 언제나 같은 태도로 훈육하는 것도 불가능합니다. 둘째로, 애시당초 그럴 필요가 없기 때문에 쓸모없는 노력입니다. 오히려 변화하는 상황에 맞추어 적응하고, 다양한 관점을 수용하여 결정하는 '유연성'의 발달을 저해하게 됩니다.

아이의 행동도, 부모의 훈육도 때에 따라 달라지는 것이 당연합니다. 세상은 실험실의 개처럼 종소리와 먹이만으로 이루어져 있지 않지요. 세상에는 너무 정보가 많고 언제나 바뀝니다. 그리고 우리의 뇌는 복잡한 세상에서 패턴을 찾아낼 수 있도록 만들어져 있습니다. 이것이 중요한 지점이에요. 패턴은 세상에 숨겨져 있고, 뇌는 그것을 찾아냅니다.

아이가 오이를 집어 먹었을 때 부모가 "맘껏 먹어!"라고 이야기했습니다. 다음 날, 아이가 초콜릿을 마음껏 먹었더니 부모는 "그걸 그렇게 다 먹으면 어떡해?"라고 반응합니다. 아이는 오후 2시에 간식을 양껏 먹고 즐거운 하루를 보냈습니다. 저녁 시간이 되어 간식을 또 달라고 하자 부모는 "안 돼"라고 합니다. 먹으라는 가르침과 먹지 말라는 가르침이 섞이게 됩니다.

아이가 혼란스러울 것 같지요? 처음에는 조금 그럴 수 있어요. 하지만 아이는 금세 숨겨진 원리를 깨닫습니다. 오이와 초콜릿은 다르고, 식사 4시간 전과 10분 전은 다르다는 것을 알게 되지요. 뇌는 단순히 겉으로 드러난 지시와 정보(먹어라/먹지 마라)만 배우는 것이 아닙니다. 우리의 뇌는 방대한 양의 데이터 속에서 숨겨진 패턴을 찾아낼 수 있는 능력을 가지고 있기 때문입니다. 뇌는 생각보다 훨씬 더 똑똑하거든요. 이러한 관점에서 일관성을 이해해봅시다.

'무엇이 더 중요한가'를 가르친다

이것을 기억하세요. 일관성의 핵심은 중요한 가치일수록 더 광범위하게 적용하여 가르치는 것입니다.

훈육에서 일관성은 매우 중요합니다. 그렇다고 해서 부모가 언제나 똑같이 말하거나 행동하라는 의미는 아니에요. 일관성은 겉으로 드러나는 행동에 있는 것이 아니라 행동을 결정하는 과정에서 반영된 핵심 가치와 기준에 있어야 합니다. 중요한 가치는 맥락에 따라 좌우되지 않습니다. 겉으로 봤을 때 서로 다른 결정같이 보이더라도 그

바탕에는 같은 가치를 담고 있다는 의미입니다.

세 살 다운이 엄마의 고민을 들어보겠습니다. 다운이 엄마는 어디서든 폴짝폴짝 뛰어내리고, 틈만 나면 달리기를 하는 다운이 때문에 고민입니다. 아이가 잘 자라려면 뛰어놀기도 해야겠지만 언제나 뛰게 놔두면 다칠 수 있으니까요. 그래서 "뛰면 안 돼. 다쳐" "엄마 손 잡고, 천천히 걸어가야지"라고 자주 말하게 됩니다. 하지만 어느 순간에는 정반대로 말합니다. 집을 나서며 "엘리베이터 내려온다. 빨리 뛰어!"라고 하기도 하고, 횡단보도의 신호등이 깜빡이면 "빨간불 되기 전에 빨리 뛰자!"라고 하기도 합니다. 어느 장단에 춤을 추라는 건지, 엄마가 생각해도 뛰랬다가 뛰지 말랬다가 하는 자신의 말에 아이가 헷갈릴 것 같습니다. 일관적이지 못한 자신의 모습에 헛웃음이 나기도 하고요.

재미있는 사실을 하나 알려드릴게요. 다운이 엄마는 일관적인 사람입니다. 겉으로는 이랬다 저랬다 하는 것 같지만 실제로 다운이 엄마의 결정은 일관적입니다. 두 가지의 규칙을 일관되게 전달하고 있습니다.

첫째, 걷는 속도에는 적당한 수준이 필요하다는 점을 가르치고 있습니다. 아이가 놀 때는 자유롭게 뛰어도 되지만, 특정 상황에서는 적절한 속도를 맞춰야 한다고 알려주고 있죠. 즉, 상황에 따라 속도를 조절해야 한다는 일관된 규칙이 전달됩니다.

둘째, 안전의 가치가 항상 우선된다는 것을 일관적으로 가르치고 있습니다. 부모는 아이들에게 사람이 많은 곳이나 미끄러운 장소에서는 "뛰지 마" 하고 말합니다. 반면, 길을 건널 때 빨간불이 깜빡이면 "빨리 뛰어"라고 합니다. 신호가 바뀌면 차가 올 수 있어 위험하기 때문이죠. 이러한 경험을 통해 아이는 안전이 언제나 우선되어야 하는 중요한 가치임을 배웁니다.

이렇게 엄마가 가르쳐주는 두 가지 규칙을 통합하여 다운이는 상황에 따라 적절한 속도로 걷는 법을 배우게 됩니다. 인간의 의사결정은 복잡합니다. 대개는 하나의 기준만을 갖고 결정을 내릴 수 없고, 때로는 서로 다른 가치가 상충되어 하나를 고르면 하나를 포기해야 할 때도 있습니다. 이때는 더 중요한 가치, 더 상위의 가치가 무엇인가를 알아야 좋은 판단을 할 수 있습니다.

- 놀고 싶은 마음과 안전이 상충 될 때
  "공놀이 하고 싶어" vs 차도 옆에서 공놀이해야 하는 상황
  ➡ 공놀이를 하지 않는다.

- 귀찮음과 안전이 상충될 때
  "운동장까지 가기 싫어" vs 차도 옆에서 공놀이해야 하는 상황
  ➡ 귀찮아도 자리를 옮긴다.

- 놀고 싶은 마음과 다른 사람의 안전이 상충될 때
  "공놀이를 계속 하고 싶어" vs 어린 아기들이 지나가는 상황
  ➡ 잠시 멈추었다가 동생들이 지나가면 다시 논다.

상황에 따라 공놀이를 할지 말지는 달라집니다. 그건 일관적일 수 없어요. 일관적이어야 하는 것은 '안전'이라는 가치입니다. 가치의 일관성을 유지하는 것이 중요한 이유는 아이가 스스로 판단하는 기준이 되기 때문입니다. 일관적으로 적용하는 주요 가치를 갖고 있는 아이는 처음 마주하는 상황에서 더 빠르고 좋은 의사결정을 내릴 수 있어요.

일관성이란 가치의 위계, 즉 '무엇이 더 중요한가'를 가르치는 방법입니다. 여러 정보가 복잡하게 섞여 있지만, 복잡하면 복잡할수록 뇌에는 다른 정보가 함께 입력되기 때문에 서로 비교가 가능해집니다. 복잡하게 가르칠수록 무엇이 더 중요한가를 가르치기가 오히려 더 쉽습니다. 상대적인 비교를 통해 아이는 중요한 가치를 더 빠르게 배우고, 일관적으로 그 가치를 자신의 행동에 적용하게 됩니다.

흔들리지 않는 대전제를 세운다

훈육의 시작은 아이가 의사결정을 하는 데 필요한 기준을 알려주는 것입니다. 그렇다면 부모는 의사결정에 사용할 기준을 만들어야겠지요. 저는 여러분이 어떻게 훈육을 해야 할지 방법을 생각하기 전에 무엇을 가르쳐야 할지를 정하는 데 더 많은 시간을 쓰길 바랍니다. 허용과 금지의 경계선을 알려주기 위해서는 일단 선이 있어야 하니까요.

훈육의 목표를 바로 설정하는 것은 길 찾기와 같습니다. 어디로 가야 할지 명확해야 옳은 방향을 설정할 수 있어요. 아이에게 가르쳐야 할 커다란 가치를 설정하면, 그 목표 지점으로 나아가는 방법은 여러 가지가 있을 수 있습니다. 가정에 따라, 나이에 따라, 상황에 따라 얼마든지 다른 방법으로 전달할 수 있지요. 무엇을 가르칠지를 정할 때는 우리 집의 가치관에 대해 깊이 생각하고, 높은 일관성을 유지할 핵심 가치를 만들어보세요.

첫 번째로 할 일은 흔들리지 않는 대전제를 세우는 것입니다. 훈육에서 제일 중요한 단계입니다. 내 아이의 인생에서 '무엇이 중요한가'에 대한 답을 찾는 것이기 때문입니다. 이 대전제는 가장 우선순위가 높고, 가장 먼저 가르쳐야 할 것입니다. 높은 일관성을 유지하여 타협하지 않고 가르쳐야 하는 내용들입니다. 그 과정에서 이 가치들은 아이의 의사결정 기준이 됩니다.

이 대전제에 해당하는 것은 다음의 세 가지입니다.

- 생존과 안전
- 사회적인 용인
- 행복과 건강

육아를 하다 보면 처음 겪는 문제가 늘 생깁니다. '내가 이걸 하라고 해야 하나? 하지 말라고 해야 하나?' 하고 멈칫하는 순간이 있죠. 이때 세 가지의 대전제 질문을 스스로에게 던지고 훈육에 필요한 우리 집 규칙을 만들어보기 바랍니다.

안전은 가장 중요한 기준입니다. 일단은 생존이 중요하기 때문이에요. 이때 안전의 대상은 내 아이와 다른 사람 모두입니다. 만약 아이의 행동을 놔두어야 할지 금지해야 할지 결정해야 한다면 가장 먼저 이렇게 질문해보세요.

이것이 누군가의 안전을 위협하는 문제인가?

여기에서 '그렇다'는 답을 얻었다면 그 행동은 바로 멈추게 해야 합니다. 만약 행동이 불러올 위험이 크다면 훈육의 방식은 부차적인 문제입니다. 아이가 펄펄 끓고 있는 냄비에 손을 대려고 한다면 바로 아이의 손을 잡아채거나, 떨어진 곳에 있다면 "안 돼!" 하고 소리를 질러서라도 막아야 합니다. 아이가 깜짝 놀라거나 겁을 먹을 수도 있겠지요. 울음을 터트릴지도 모릅니다. 주변에서 '아이에게 소리지르는 나쁜 부모'라고 생각할지도 모릅니다. 하지만 그 어떤 결과도 아이가 끓는 물을 뒤집어쓰는 것보다는 낫습니다.

눈앞의 끓는 물을 쏟는 것만큼 당장 위험하지는 않지만 위험할 가능성이 있는 문제들도 있습니다. 예를 들어 사람이 북적이는 곳에서 아이의 손을 놓치면 잃어버릴 수 있다거나, 차와 사람이 길을 공유하는 곳에서 공놀이를 하거나 자전거를 타는 것, 아직 잘 움직이지 못하는 갓난아기 앞에서 장난감 칼을 휘두르고 노는 것 등은 100% 사고가 발생하는 것은 아니지만 아이의, 혹은 다른 사람의 안전을 위협하는 행동인 것은 맞습니다.

이때는 가치의 위계를 통해 중요도를 가르쳐야 합니다. 네가 공놀이를 하고 싶어 하는 욕구보다는 교통사고를 방지하는 것이 더 중요하다는 것을 가르치는 거죠. 아이는 공놀이를 하고 싶다면 운동장으로 가야 하고, 찻길에서는 공을 가방에 넣거나, 부모에게 맡기고 걸어가야 한다는 것을 배워야 합니다. 불편해도 자동차에서는 안전벨트를 착용해야 하고, 주사가 무서워도 질병이 있다면 치료해야 한다는 것도 알아야 하고요. 이때 아이의 불편함이나 두려움을 달랠 수 있도록 부모가 도와주는 것은 당연히 괜찮습니다.

이런 문제에는 예외를 두지 않아야 하며, 아이와 협상하지 않아야 합니다. 부모가 일관되게 이 규칙을 적용하면 아이는 '안전'은 다른 것들보다 가치가 높다는 것을 배우게 됩니다.

당장의 안전을 크게 해치지는 않지만 하지 않는 것이 좋은 행동들도 있어요. 친구의 곱슬머리를 놀린다거나, 다른 친구들이 줄 서 있을 때 새치기를 한다거나, 버스에서 앞자리 의자를 발로 차는 것과 같은 행동들이지요. 그때는 이러한 질문을 해보는 것이 좋습니다.

사회적으로 용인되는 행동인가?

함께 어울려 살아간다는 것은 인간의 생존에 가장 중요한 목표 중 하나입니다. 우리의 뇌는 다른 사람을 이해하고 함께 살아가도록 만들어져 있고, 외로운 뇌는 기능의 제약을 받습니다. 아이가 잘 살아가도록 사회적으로 합의된 규칙을 알려주는 것은 어른의 중요한 역할입니다.

물론 아이들이 가르쳐준 대로 바로 따라 하지는 못할 거예요. 가치는 알려주되, 아이의 연령과 성향에 맞는 행동의 조정이 필요합니다. 식당에서 큰 소리로 떠들면 다른 사람들의 식사를 방해할 수 있습니다. 이 사실을 알려주는 것은 중요하지만 어린 아기들은 알려준다고 해서 따를 능력이 아직은 없어요. 졸음을 못 이겨 울음이 터진 아이를 달래는 것은 부모의 몫이지요. 아이가 큰 소리로 울 때마다 밖으로 데리고 나오는 부모의 행동만으로도 아이는 공공장소에서 우는 것을 부모가 막고 있다는 것을 어렴풋이 배울 수 있습니다. 그리고 말을 이해하고 행동의 조절을 시도할 수 있는 나이가 되면 차츰차츰 아이 스스로 사회적 규칙을 따르도록 알려주면 됩니다.

아이의 건강과 행복을 위한 행동인가?

아이들은 당장의 만족을 더 크게 느낍니다. 물론 어른도 그럴 때가 많고요. 매일매일 사탕도 먹고 싶고, 나물 반찬보다는 소시지가 먹고 싶습니다. 영상도 계속 보고 싶고, 밤늦도록 놀고 싶습니다. 그런 마음들이 잘못된 것은 아닙니다. 저도 더운 오후가 되자 시원한 콜라가 마시고 싶군요.

이 모든 것들은 당장에는 즐거움을 주지만 장기적으로는 아이의 건강과 행복을 해칠 수 있어요. 아이가 하루에 세 시간씩 스마트폰을 본다고 해서 당장 생명의 위협이 생기거나 다른 사람들에게 피해를 주지는 않지요. 하지만 매일 이렇게 살도록 놔두면 아이는 건강한 성장의 기회를 잃게 될 거예요. 아이는 매일 게임을 많이 하는 것이 자신의 미래에 어떤 영향을 미칠지 알지 못해요. 과도한 스마트폰 사용의 위험성을 알고, 아이를 설득하고, 아이가 건강한 습관을 가질 수 있도록 가르치는 것은 어른의 몫입니다.

내 아이에 대한 이해가 먼저다

흔들리지 않는 대전제는 어떤 아이에게나, 어떤 가정에서나 중요하게 다루어져야 한다고 생각하는 기준들입니다. 분명한 기준을 마음에 품었다면 그다음에는 실제 훈육 장면을 생각할 때입니다. 이제부터는 내 아이 한 명, 한 명에게 집중해서 생각해야 합니다. 두 가지를 기억합시다.

첫째, 아이는 아이일 뿐입니다. 아이가 어리숙하고 철없이 행동하는 것은 아이이기 때문이에요. 어른처럼 행동하는 것은 아이의 일이 아닙니다. 아이들은 배우지 않은 행동을 잘할 수 없습니다.

공공장소에서 조용히 하고, 뛰지 않고 사뿐히 걸어 다니며, 다른 사람의 마음을 헤아리고, 자신의 일을 척척 알아서 하고, 어른들이 안 된다고 할 때는 공손하게 받아들이고 자신의 차례를 기다리는 아이. 그렇게 완벽한 아이는 없어요. 아이들은 원래 시끄럽게 울고 웃고 떠들어요. 그런데 막상 자기 의견을 말해야 하는 자리에서는 기어들어가는 목소리로 말합니다. 귀찮은 장난을 치거나 우당탕탕 뛰어다니는가 하면, 정작 시간이 촉박할 때는 거북이처럼 느릿느릿 늘어집니다. 아이마다 차이는 있지만, 이런 행동을 하나도 하지 않는 아이는 없답니다.

따라서 우리는 아이의 발달 단계에 맞는 행동을 알려주어야 합니다. 기어다니기 시작한 아이를 일주일간 훈련시킨다고 갑자기 일어서 걷게 되진 않습니다. 기어다닐 만큼 기어다녀야 충분한 힘이 생겨 몸을 일으켜 세울 수 있어요. 발달의 속도 또한 아이마다 모두 다릅니다. 어떤 아이는 빨리 걷고, 어떤 아이는 빨리 말합니다. 그러니 아이의 속도에 맞추어주어야겠지요. 분명한 것은 그 이전 단계의 연습을 충분히 거쳤을 때 다음 단계로 나아갈 수 있다는 것입니다.

둘째, 세상에 같은 아이는 없습니다. 사람이 가지고 태어나는 성질을 기질이라고 부릅니다. 아이들이 각자 가지고 있는 기질에 따라 같은 환경에서도 다르게 반응하게 됩니다. 아이가 어릴 때는 사회적 행동 규범에 대한 정보가 별로 없기 때문에 아이의 기질이 날것 그대로 드러나게 됩니다. 옆집 할아버지부터 아랫집 강아지까지 일일이 인사하고 수십 개씩 질문을 해야 직성이 풀리는 아이가 있는가 하면, 일 년 내내 마주치는 경비 아저씨에게 인사하는 것조차 어려운 아이가 있습니다. 부모는 내 아이에게 특별히 어려운 영역과 더 쉽게 배울 수 있는 영역이 있음을 인정해야 해요. 옆집 아이가 하니까 너도 해야 한다, 언니가 했으니 너도 해야 한다라는 기준보다는 고유한 한 사람으로서 내 아이가 나아가야 할 방향을 생각해보세요.

우리 가족에게 중요한 가치를 따른다

아이마다 성향이 다른 만큼 가정마다 처한 상황이 다릅니다. 주양육자가 누구인지, 자녀가 몇 명인지, 부모가 맞벌이인지, 아이들이 기관에 다니는지, 종교가 무엇인지 등에 따라 우선순위가 달라지는 것은 당연합니다. 우리는 우리 가족에게 중요한 가치를 우선하고, 우리 가족에게 필요한 문제를 먼저 해결해도 됩니다. '됩니다'라고 표현한 이유는 종종 부모님들이 다른 가정의 상황에 비교하며 죄책감을 가질 때가 많기 때문입니다.

어린 동생이 없었다면 아이가 하고 싶은 것 더 마음껏 하게 해줬을 텐데, 내가 회사에 다니지 않으면 아침마다 빨리 일어나라고 채근하지 않고 푹 자게 둘 수 있을 텐데, 더 큰 집으로 이사를 가면 집에서 뛰지 말라는 말을 안 해도 될 텐데 등 아이에게 좋은 것을 주고 싶은 부모의 마음은 얼마든지 이해합니다. 저도 그런 생각을 할 때가 종종 있고요.

하지만 아이도 우리 가족의 구성원입니다. 모든 가족이 다를 수밖에 없다는 사실도 알아야 하고, 우리 가족에게 맞는 생활 방식이 있다면 함께 동참해야 해요. 부모는 우리 집의 책임자로서 우리 가족 모두의 건강과 행복에 좋은 결정을 하고, 아이들과 함께 실천하면 됩니다. 이것이 결국 아이에게도 더 좋은 방향입니다.

저는 대부분의 부모님들에게 아이를 아침에 충분히 일찍 깨우도록 권합니다. 예를 들어 아침 9시에 유치원에 가야 한다면 적어도 7시에서 7시 30분 사이에 아이를 깨우라고 이야기하죠. 왜냐하면 아이가 스스로 잠에서 깨어나 정신을 차리고, 식탁에 앉아 스스로 밥을 먹고, 할 수 있는 선에서 스스로 등원 준비를 하려면 충분한 시간이 필요하기 때문이에요. 그리고 아이가 등원 준비를 직접 하는 것이 이 아이의 능력 성장에 중요한 연습이기 때문이기도 하죠.

그런데 부모가 아침 일찍 출근해서 저녁 늦게 돌아오는 가정들이 있습니다. 늦은 퇴근 시간에 맞추어 저녁을 먹고 잘 준비를 하면 아무리 서둘러도 일찍 자는 것이 어렵습니다. 당연히 아이는 일찍 일어나기 힘들어하고, 밥을 먹이기는커녕 옷도 겨우 갈아입혀서 보냅니다. 그래도 아이를 더 일찍 깨워 스스로 준비하도록 시켜야 할까요?

안 해도 됩니다.

아이가 직접 양말을 고르고 신으면 좋습니다. 아이의 자립심도 기르고, 꼼지락대며 양말을 신는 동안 손가락의 근육과 손눈 협응능력도 기를 수 있으니까요. 하지만 졸린 아이를 억지로 깨워서 양말을 신으라고 할 필요는 없어요. 우리 가족에게 아직은 맞지 않은 요구입니다. 아이 얼굴을 들여다볼 시간도 부족한데 그런 사소한 일로 시간을 낭비하지 마세요. 잠에 취한 아이의 볼에 뽀뽀하고, 이불 속에서 따끈해진 발에 양말을 신겨주세요. 팔다리를 주물러서 부드럽게 잠을 깨워주고, 이른 시간 유치원에 일등으로 등원해야 하는 아이에게 좋은 하루를 빌어주시면 됩니다. 양말 신기보다는 행복이 더 중요합니다.

단호함이란 '말'이 아닌 '행동'이다

규칙을 정했다면 이제 어떻게 아이들에게 알려주면 좋을지 생각해봅시다. '알려준다'는 것은 쉬운 단어지만 막상 행동으로 옮기자면 막막하죠. 아이가 어떤 행동을 했을 때 훈육을 해야 할지, 말아야 할지도 헷갈리고, 어떻게 말해주어야 할지도 어렵습니다. 그런데 제 생각은 좀 달라요. 훈육은 말이죠, 생각보다 아주 간단합니다. 그리고 우리는 무엇이 중요한지, 어떻게 알려주어야 하는지도 사실은 이미 알고 있습니다.

아이가 처음 걷기를 배울 때를 생각해보세요. 우리는 '걷기의 이해' 같은 책이나 수업, 걷기 발달 전문가 없이도 그 과정을 모두 성공적으로 지나왔어요. 아이가 물건을 잡고 일어나 발끝에 힘을 주고 조금씩 움직이면 우리는 아이가 걸을 때가 되었다는 것을 알게 됩니다.

처음에는 아이의 겨드랑이 밑에 부드럽게 손을 넣어 일으켜 세우다가, 아이의 힘이 세지면 아이와 마주보고 손을 잡아줍니다. 아이가 발을 뗄 때마다 부모는 절로 환호합니다. 한 발씩 앞으로 걸어가면 부모는 마주보던 자리에서 자연스럽게 옆자리로 옮겨갑니다. 아이가 넘어지면 일으켜주고, 아이가 차도로 걸어나가려 하면 막아줍니다. 잘할 때 웃어주고, 어려우면 도와주고, 잘못된 선택을 하면 바로잡아 주는 것. 그것이 전부입니다.

훈육의 기본 원칙은 중요한 규칙을 꾸준히 알려주는 것입니다. 훈육은 옛날부터 있어온 것입니다. 우리의 어머니, 어머니의 어머니도 우리에게 인간의 도리를 알려주려 노력하며 키우셨지요. 시대에 따라 중요한 가치가 조금씩 달라지고, 어린아이를 대하는 태도도 변하지만 결국 가장 중요한 것은 잘 변하지 않습니다. 아이들에게 세상의 이치를 가르치는 데에는 일관된 가르침과 단호한 태도, 그리고 아이를 한 사람으로서 존중하는 마음이 필요합니다.

단단한 기준은 흔들리지 않는다

훈육은 단호하게 해야 한다는 말을 많이 합니다. 하지만 단호하다는 것이 무엇인지 질문하면 선뜻 답하는 분들은 많이 없어요. 단호한 것은 흔들림이 없이 분명하고 엄격한 것입니다. 엄격하다고 하니 왠지

옛 영화에 나오는 뿔테 안경을 쓰고 목 끝까지 단추를 채운 사감 선생님이 생각나기도 합니다. 목소리를 낮게 깔거나 눈썹에 힘을 주고 쏘아봐야 할 것 같기도 하고요.

저는 단호하다는 말에서 가장 중요한 것은 '흔들림 없이'라는 의미라고 생각합니다. 단호하다는 말을 영어로 어떻게 표현하는지 아세요? 'Firm' 하다고 합니다. 단단하다는 의미입니다. 단단한 것을 머릿속에 떠올려보세요. 어떤 것이 단단한가요? 잘 다져진 바닥이 단단합니다. 곧게 올린 벽이 단단합니다. 물렁물렁한 두부는 누르면 쑥 들어가고, 단단한 벽은 우리가 누르거나 기대었을 때 흔들리지 않고 그 힘을 버텨냅니다. 단단하다는 것은 외부의 힘에 의해 변하지 않는다는 의미입니다.

단호한 훈육이란 아이에게 단단한 울타리, 즉 경계를 만들어주는 것과 같습니다. 내가 경계를 만들었다고 해도 아이의 눈에는 그것이 보이지 않아요. 그래서 아이는 경계선이 어디까지인지 더듬더듬 짚어보며 파악하고자 합니다.

아이가 다른 사람의 집에 방문해 장식해둔 도자기에 손을 대려고 합니다. 부모는 화들짝 놀라 아이에게 말합니다.

"어, 그거 깨지는 거야. 만지면 안 돼."

아이의 행동에 경계선을 그었습니다. 아이는 만지면 안 된다는 말을 들었지만 정말로 자신의 행동이 어디까지 갈 수 있는지 잘 모릅니다. 그래서 발로 툭 건드려봅니다. 최대한 가까이 붙어봅니다. 만지고 싶다고, 갖고 싶다고 울거나 떼를 써봅니다. 엄마가 보지 않을 때 몰래 만지면 어떻게 되는지 시험해보기도 합니다.

이 과정은 세상의 경계를 알아가기 위해 필요한 아이의 학습 과정입니다. 수렵 채집 시대의 선조들이 이 언덕도 올라가보고, 저 언덕도 올라가보면서 어디에서 좋은 식량을 구할 수 있는지 경험을 통해 배웠듯이, 아이들도 다양한 시도를 통해 그 결과를 경험하면서 행동 양식을 배우고 있습니다.

우리는 아이가 어떤 시도를 하든 지켜야 할 선을 알려주면 됩니다. 충분히 떨어진 위치로 아이를 데려와서 "여기에서 보면 돼"라고 알려줍니다. 손이 아닌 발이나 엉덩이를 대려고 한다면 "만지면 안 된다는 것은 건드리면 안 된다는 거야. 깨질 수 있거든. 눈으로만 보는 거야"라고 알려줍니다. 아이가 울거나 애교를 부린다고 해서 기준을 바꾸지 않고 알려주는 거예요. 그러면 아이는 눈에 보이지 않는 울타리가 어디까지인지 차츰 깨닫게 됩니다.

아이의 끊임없는 시험에 흔들리지 않고 일관된 기준을 적용하기 위해서 부모에게 필요한 것은 바로 기백입니다. 한마디로 끝까지 버티는 거예요. 안 된다고 했다가 울면 된다고 하고, 두 번, 세 번까지는 만지지 말라고 했지만 다섯 번 넘게 시도하면 지쳐서 "어휴, 그래 한 번만 만져라" 하고 물러선다면 단호한 것이 아닙니다.

뇌는 자주 일어나는 일의 패턴을 파악하여 학습합니다. 이런 일이 반복되면 아이는 오랫동안 큰 소리로 울거나 엄마가 지칠 때까지 시도하면 내 마음대로 할 수 있다는 패턴을 익히게 됩니다. 뇌는 원하는 보상을 얻는 방법을 기막히게 잘 배울 수 있거든요. 일관성은 중요한 기준이 무엇인가를 가르치고, 단호함은 이 규칙을 따를 만한 가치가 있는지를 가르칩니다. 흔들리는 기준은 굳이 따를 필요가 없기 마련입니다.

중요한 것은 단호함이란 말이 아니라 행동에 따른 결과로 보여주어야 한다는 것이에요. 아이는 본인의 선택에 따른 결과를 경험하며 경계를 넘어가면 안 된다는 것을 배울 수 있습니다. 아이가 배워야 할 것은 '엄마가 만지지 말라고 했다'는 것이 아니라, '만지지 않으면 바라볼 수 있다', 혹은 '만지면 더 이상 볼 수 없다'는 것입니다.

엄마가 "만지면 안 되는 거야"라고 했을 때 아이가 그 지시를 따르도록 하는 데에 힘을 쓰지 마세요. 그러다 보면 엄하고 냉정한 표정과 무서운 목소리로 아이의 행동을 바꾸게 됩니다. 그럴 필요는 별로 없습니다. 선택은 아이가 하는 것이니까요. 부모가 힘을 써야 할 것은 아이가 자신의 행동에 따른 결과를 경험하도록 하는 것입니다. 부모는 아이의 선택에 따른 결과를 실행하는 사람이에요. 단호함이란 실행입니다.

보상을 손에 쥐고 아이를 흔들지 마라

행동을 학습할 때 보상은 매우 중요한 역할을 합니다. 규칙 학습의 뇌과학에서 살펴본 것처럼 보상은 도파민을 분비시키고, 도파민은 규칙을 학습시키는 데 없어서는 안 됩니다. 보상은 행동의 가치를 결정하며, 가치가 높은 행동을 더 많이 하도록 동기를 부여합니다.

내가 A라는 행동을 했더니 그에 따라오는 결과가 좋더라는 것을 깨닫게 되면 A라는 행동을 더 많이 하게 됩니다. 이것을 강화라고 부릅니다. 같은 행동을 반복하면 할수록 A 행동을 하는 능력이 점차 발달하고, 아이는 A를 잘하게 됩니다. 부모, 교육자, 치료사 등은 아이에게 새로운 행동을 가르치거나 기존에 있는 행동을 다른 것으로 수정할 때 보상을 주는 방식을 많이 사용합니다. 가끔은 이것이 효과적이고, 때로는 필요하기도 합니다.

하지만 대부분의 경우 우리가 '좋은 행동'이라고 생각하는 것들은 그 자체로 좋은 결과를 가져옵니다. 어른이 보상을 쥐여주지 않아도 말이지요. 행동에는 자연스럽게 결과가 따라옵니다. 숙제를 마치면 다음 날 학교에서 기한에 맞추어 제출할 수 있기 때문에 좋습니다. 친구와 서로 차례를 지키며 미끄럼틀을 타면 모두 즐거운 시간을 보낼 수 있습니다.

언제나 이렇게 간단하지는 않죠. 숙제를 미루는 것은 지금 당장 좀 더 놀 수 있다는 장점이 있거든요. 다음 날 학교에 가면 아이는 자신의 선택이 불러온 결과를 마주해야 합니다. 선생님께 지적을 받을 수도 있고, 친구들이 숙제를 발표하는 동안 자신은 할 말이 없어 창피함을 느낄 수도 있습니다. 미루어둔 숙제를 뒤늦게 끝내느라 주말에 놀 시간이 부족할 수도 있겠지요. 이 과정에서 아이가 '아, 숙제를 미루는 것은 좋지 않구나'라는 인과관계의 이치를 깨닫는다면 그것이 가장 좋은 학습입니다.

아이들은 선택에 따른 결과를 경험함으로써 삶의 이치를 배울 수 있습니다. 이것이 자연적 결과입니다. 그리고 아이의 뇌는 이러한 인과관계를 스스로 깨달을 능력이 있습니다. 패턴의 인식을 통해서요. 우리는 아이를 한 사람으로 존중하고, 아이가 스스로 생각하고 선택하며 배울 수 있다는 것을 믿어주어야 합니다.

가끔은 자연적 결과를 경험하는 것이 너무 위험하거나, 다른 사람에게 큰 피해를 줄 수도 있죠. 아이가 다친다거나 다른 사람의 물건을 망가뜨리는 것처럼요. 앞서 이야기한 도자기 사례로 돌아가보겠습니다. 아이가 도자기를 만지면 호기심은 해소됩니다. 그러다 잘못하면 도자기가 깨지겠지요. 가급적 그런 일은 생기지 않는 것이 좋습니다.

이때 부모는 아이의 행동이 미치는 결과를 아이에게 설명하여 이해시키거나, 아이에게 좀 더 안전한 방법으로 결과를 제시할 수 있습니다. '긍정 훈육'을 주장하는 제인 넬슨 박사는 이것을 논리적 결과라고 부릅니다. 부모가 가치를 가르치기 위해 아이에게 논리적으로 연결된 결과를 규칙(위험한 행동을 하면 더 이상 도자기를 볼 수 없다)으로 제시하는 방법입니다. 부모가 자녀의 행동과 논리적으로 연결된 결과를 제안하면 아이들의 행동을 좋은 방향으로 이끄는 동시에 어떤 선택이 좋은 결과를 만들어낼 수 있는가를 예측하는 사고력을 키워줄 수 있습니다.

도자기를 건드리지 않고 눈으로만 지켜보도록 지도하고, 아이가 그것을 따랐을 때는 더 이상 저지하지 않고 호기심을 채울 때까지 도자기를 감상하도록 합니다. 도자기에 대한 호기심과 다른 사람의 물건을 소중히 하는 마음, 내 몸이 다치지 않게 보호하는 마음을 모두 고려해 '가만히 바라본다'는 결정을 내리는 것이죠. 도자기를 손으로 만지지 못해서 아쉬움이 들 수도 있겠죠. 하지만 이롭지 않은 행동을 하고 싶은 충동을 참고 더 나은 선택을 한 자신에 대한 뿌듯함이 남게 될 거예요. 이것이 보상입니다.

아이에게 설명을 했는데도 불구하고 아이가 도자기를 자꾸 건드리려고 한다면 그 자리를 떠납니다. 규칙을 지키지 않은 것에 대한 결과로 더 이상 도자기를 구경할 수 없게 된 것이죠. 이 결과를 만들어내는 것이 부모의 역할이고, 이것을 실행시키는 것이 단호함입니다. 하지만 아이를 비난하거나 책망할 필요는 없어요. 오늘의 연습을 마무리하고 다음에 다시 연습할 기회를 주면 되니까요. 그다음 기회는 10분 뒤일 수도 있고, 다음 날일 수도 있고, 1년 뒤일 수도 있습니다.

훈육은 단순히 잘 하면 상을 주고, 못 하면 벌을 주는 것이 아닙니다. 좋은 결정을 내리도록 알려주는 것입니다. 훈육에서 아이가 얻을 수 있는 가장 큰 보상은 자신의 목표를 이루는 거예요. 중요한 가치들을 고려해서 좋은 결정을 내렸더니, 자신이 원하던 바를 이로운 방향으로 달성하게 되었다는 깨달음을 얻는 것입니다. 나 자신과 세상에 모두 이로운 방향으로요. 이것을 잘 이해해야 부모가 보상을 손에 쥐고 아이를 흔들지 않고, 아이를 자신의 삶을 개척하는 존재로 키울 수 있습니다.

상과 벌 대신 경험으로 배우게 하라

행동의 결과가 좋으면 그 행동을 많이 하고, 결과가 좋지 않으면 그 행동을 적게 한다는 것이 학습의 기본적인 원리입니다. 아이의 행동이 자연스럽게 부정적인 결과를 만들어낸다면 아이는 그것을 통해 규칙을 배울 수 있습니다. 아침에 늦게 일어났더니 지각을 했다거나 친구를 놀렸더니 친구가 나와 더 이상 놀지 않고 떠나버렸다는 사실은 아이에게 교훈을 남기고, 변화를 일으킬 수 있습니다. 이것들은 자연적 결과입니다.

때로 부모나 교육자들은 처벌이라는 나쁜 결과를 만들어 아이들을 가르치려고 합니다. 처벌은 조작적 조건화의 한 가지 모델로 안 좋은 결과를 제공하여 행동을 덜 하게 하는 방법입니다. 강화와 반대죠. 쥐가 지렛대를 누를 때 먹이가 나오면 지렛대를 더 많이 누르지만, 지렛대를 누를 때마다 발에 전기 충격을 받게 된다면 더 이상 누르지 않게 됩니다. 행동에 따른 결과가 좋지 않다면 그 행동을 하는 횟수가 줄어들게 됩니다. 이것이 처벌의 원리입니다.

처벌이라는 단어가 조금 무섭게 들리긴 하지만 처벌이 언제나 안 좋은 것만은 아닙니다. 제도적 처벌은 사람들의 행동을 바꾸는 데 효과적이기도 합니다. 신호 위반이나 주차 위반에 대한 벌금을 높이고 단속을 강화하면 실제로 그 행동이 줄어들게 됩니다. 처음 운전자는 벌금을 피하려고 신호를 지키지만, 장기간 지속되면 신호를 잘 지키는 것에 익숙해져 더 안전한 교통 문화가 정착됩니다.

교육에서도 마찬가지입니다. 논리적 결과로서의 처벌은 아이들에게 교훈을 줄 수 있습니다. 저의 남편이 아들의 축구팀에서 코치로 자원봉사를 하고 있는데요. 가끔 정당한 사유 없이 연습에 빠지거나, 체력 단련이 재미없다는 이유로 성실하게 참여하지 않는 아이들이 있어요. 체력 단련에 참여하지 않는 선수는 연습이 끝난 뒤의 간이 경기(재미로 하는 경기이기 때문에 아이들이 가장 좋아하는 시간입니다)에 참여하지 못하거나, 연습을 많이 빠지면 그 주간의 팀 경기에 참여할 수 있는 시간을 줄이도록 규칙을 정했습니다. 규칙을 지키지 않으면 원하는 것(경기 시간)을 받지 못하는 처벌의 일종입니다.

여기에서도 논리적인 결과로서의 처벌이 중요합니다. 코치의 말을 듣지 않는다고 해서 아이를 인격적으로 비난하거나, 벌을 세워 창피함을 느끼게 하거나, 연습과는 전혀 관계없는 '간식 안 주기'와 같은 처벌을 하는 것은 권하지 않습니다. 이것은 일면 효과가 있는 것처럼 보일 수 있지만 정말 중요한 교훈을 남길 수 있는 방법은 아니거든요.

논리적 처벌은 아이가 인생에서 계속 사용할 중요한 가치를 배우는 데 도움이 되는 과정으로서의 규칙이어야 합니다. 처음에는 연습에 빠지는 아이들이 경기 참여를 못 하는 것이 속상하고 아쉽겠지만, 장기적으로 지속하면 전체 출석률이 올라갑니다. 이를 통해 연습에 열심히 참여하는 것이 당연하다는 인식을 심어줄 수 있고요. 아이들은 연습을 열심히 하는 것이 팀에 기여하는 방법이며, 그러므로 팀원으로서 경기 시간을 많이 받는 것이 정당하다는 것을 받아들입니다.

아이들은 꾸준한 연습 참여로 본인의 기량이 향상되는 것을 체험합니다. 그 과정을 지나면 지루한 연습도 결국 축구를 더 잘 즐기는 방법이라는 사실을 배울 수 있습니다.

처벌의 선택은 신중해야 합니다. 처벌로 신체적 체벌이나, 벌세우기, 무섭게 꾸짖기 등을 선택하면서 '공포'를 훈육 도구로 이용하면 문제가 됩니다. 아이가 잘못된 행동을 했을 때 눈물 쏙 빠지게 혼을 내거나, 손바닥을 때리면 아이는 그것이 두렵기 때문에 처벌을 피하기 위해 행동을 바꿉니다. 아이에게 소중한 것을 손에 쥐고 '말을 안 들으면 빼앗겠다'고 협박하면 아이를 굴복시키기 쉽습니다. 이것이 더 쉬운 훈육 방법처럼 보이기도 합니다. 문제는 이런 방법은 공포를 바탕으로 한 학습이라는 점입니다. 공포를 통해 아이를 가르치는 것이 진정으로 아이를 위하는 길일까요?

공포 훈육을
당장 멈춰야 하는 이유

보상을 통한 학습과 공포를 통한 학습은 뇌에서 전혀 다른 과정으로 일어납니다. 공포 학습에 중요한 뇌 영역은 편도체입니다. 편도체는 외부의 부정적 사건에 반응하며, 공포, 불안, 화 등의 부정적 감정에 핵심적인 영역입니다. 편도체는 다른 영역들과 함께 공포의 기억을 학습하고 공포 반응을 만들어냅니다. 즉, 좋은 성적을 받기 위해 열심히 공부하는 것과 게임 시간을 빼앗기지 않기 위해 공부하는 것은 겉으로 볼 때는 같은 행동을 하는 것 같지만, 그 행동을 만들어낸 의사결정 과정은 전혀 다르다는 것입니다.

공포를 이용한 훈육은 조심해야 합니다. 다음의 부작용들을 생각해보세요.

첫째, 공포를 이용한 학습의 가장 큰 단점은 공포가 없어지면 효과도 함께 사라진다는 것입니다. 아이가 거짓말을 할 때 매로 처벌한다면, 매를 들지 않을 때는 다시 거짓말을 하게 됩니다.

둘째, 공포에도 내성이 생깁니다. 아이가 서너 살 때는 부모가 엄한 표정으로 "이 놈! 안 돼!" 하면 겁을 먹고 말을 들었지만, 열 살이 되면 더 이상 그 정도로는 두려워하지 않습니다. 점점 더 강하게 겁을 주고, 더 큰 것으로 협박하고, 더 많이 때려야 합니다.

셋째, 아이가 가치 기반의 기준을 통해 배우지 않고, 공포의 대상에 따라 행동하는 법을 배웁니다. 무섭게 혼내는 엄마 앞에서는 말을 듣고, 오냐 오냐 해주는 할머니 앞에서는 말을 듣지 않습니다.

넷째, 공포는 회피를 유도합니다. 두려우면 도망치는 것은 본능입니다. 아이는 잘못을 들키지 않으면 처벌도 없다는 것을 금세 깨우칩니다. 잘못을 숨기고, 변명하고, 거짓말을 하게 됩니다. 혹은 그 상황을 피할 수도 있죠. 공부 때문에 자꾸 혼난다면 공부를 열심히 하는 것이 아니라 공부를 아예 포기해버릴 수 있고, 편식 때문에 자꾸 혼난다면 식사 시간 자체를 싫어하는 결과를 만들 수 있습니다.

마지막으로 공포 훈육의 가장 큰 부작용은 공격성을 학습한다는 것입니다. 신체적 체벌은 누군가 잘못하면, 혹은 나의 기분을 나쁘게 하면 그 사람을 공격해도 된다는 것을 가정합니다. 많은 연구들이 어린 시절 부모의 신체적 체벌이 아이들의 공격적인 생각과 공격적인 행동으로 이어지고, 이후 성인이 되었을 때 높은 공격성을 보인다는 것을 밝혀왔습니다. 공포 훈육, 그중에서도 신체적 체벌을 하고 있다면 바로 멈추시길 바랍니다.

훈육에 처벌을 이용하고 싶다면 처벌은 반드시 논리적인 결과여야 하고, 잘못된 행동에 대한 책임으로 아이가 받아들여야 합니다. 아이가 교훈을 얻고 다음번에는 더 좋은 선택을 하는 법을 배우는 기회가 되어야 합니다. 아이 자체에 대한 처벌이 되어서는 안 됩니다.

체벌 충동을 느낄 때 생각해볼 것들

지금까지 아이를 신체적으로 체벌하거나 정신적으로 비난했다면, 혹은 체벌로 다스리고 싶은 욕망에 시달리고 있다면 시간을 내어 아래의 질문에 답하면서 마음을 다스려보세요. 이 질문들은 "정말 큰 잘못을 했을 때는 때려도 되나요?"라고 질문하신 부모님께 제가 답변으로 드린 내용입니다.

- 아이를 때리는 것이 아이의 잘못 때문인가요, 내가 화가 나기 때문

인가요?

- 아이가 얼마나 큰 잘못을 하면 맞아도 충분한 조건이 될까요?
- '맞을 정도'의 기준이 있다고 생각한다면, 아이가 같은 잘못을 할 때마다 똑같이 맞아야 할까요?
- 아이가 가정이 아닌 곳에서 같은 잘못을 하면 다른 사람이 아이를 때려도 될까요?
- 아이의 행동에 대한 결과가 매를 맞는 것이라면, 맞은 뒤에는 행동의 대가를 치른 것일까요?
- 아이가 '나는 맞아도 괜찮다'고 생각한다면 잘못된 행동을 다시 해도 될까요?
- 다른 가정의 아이가 같은 잘못을 하면 그 아이도 맞아야 할까요?
- 내가 상대방을 화나게 했다면, 상대방에게도 나를 때릴 자격이 있을까요?
- 내가 정말로 가르치고 싶은 것은 무엇인가요?

좋은 선택을 하는 아이의 3가지 능력

지금까지 우리는 의사결정 훈육을 위해 아이들에게 어떤 가치를 가르쳐야 하고, 어떻게 규칙을 학습시킬 수 있는지 이야기했어요. 규칙의 학습은 훈육의 시작점이지만 그것만으로 완성되는 것은 아니에요. 그 이후의 과정들도 중요하죠. 의사결정 훈육법은 단순히 부모가 정한 규칙을 아이가 따르는 것을 목표로 하지 않으니까요.

좋은 의사결정을 내리는 아이를 키우기 위해 부모는 세 가지를 가르쳐야 합니다. 바로 이해력, 판단력, 그리고 습관의 형성입니다. 이러한 능력들은 단순히 부모의 지시를 수동적으로 따르는 방식으로는 충분히 발달할 수 없는 부분들입니다. 아이와 부모 사이의 많은 대화와 시행착오, 연습이 필요하죠.

우리가 사는 세상은 현재도 복잡하지만, 앞으로 더 복잡하게 변할 거예요. 변하는 속도 역시 더 빨라질 것이고요. 정보는 많고, 무엇을 받아들여야 할지 판단하는 것은 어렵지요. 우리 아이들이 살 미래는 독립적으로 사고하고 문제를 해결할 수 있는 능력이 더 중요해질 거예요. 그러니 당장의 복종보다는 능력의 성장을 중심에 두세요. 능력의 성장은 깊은 학습 경험을 통해 미래에 더 독립적이고 책임감 있는 성인으로 자라도록 도와주거든요.

이해력

상황을 이해시키면 더 좋은 행동을 한다

에밀리가 그네를 타려고 놀이터에 갔는데, 다른 아이가 그네를 타고 있었습니다. 에밀리는 그네 옆에 서서 기다렸습니다. 그런데 그네를 타던 아이가 내리자마자 리나가 달려와 그네를 움켜쥐었습니다. 에밀리는 리나를 밀치고 그네에 앉았습니다. 리나는 넘어지며 울음을 터뜨렸지요. 어떻게 해야 할까요?

대개 문제 상황이 닥치면 부모는 달려가서 "친구를 밀면 어떡해!"라고 아이의 행동을 지적합니다. 에밀리가 사정을 설명하면 "그래도 친구를 밀면 안 되지. 가서 리나에게 사과하렴"이라고 해야 할 일을 알려주며 대화가 끝납니다. 하지만 다음에 또 비슷한 일이 반복됩니다.

좋은 의사결정을 하기 위해서는 우선 정보를 잘 아는 것이 중요합니다. 아이가 상황을 분명하게 이해하고 있어야 합니다. 그래야 주어진 상황에서 다양한 관점을 탐구하고, 규칙이 왜 필요한지, 그 규칙이 이 상황에서 어떻게 적용되는지를 생각할 수 있거든요. 부모가 내린 결론을 섣불리 말하기 전에 먼저 아이와 상황을 이해해보세요. 우선은 넘어진 리나가 괜찮은지를 확인한 뒤, 에밀리에게 물어봅니다.

"무슨 일이니?"

에밀리가 상황을 설명하면, 아이가 알고 있는 것을 함께 생각해봅니다.

- 나는 그네를 타고 싶다. (에밀리의 욕구)
- 나는 그네를 타려고 순서를 기다리고 있다. (에밀리의 행동)
- 리나가 그네를 타려고 한다. (벌어진 사건)
- 내가 그네를 타지 못한다. (사건의 결과)

하지만 이것만으로는 정보가 충분치 않습니다. 에밀리 자신의 감정도 중요합니다. 감정은 사건에 대한 반응인 동시에 나의 행동을 결정하는 데 사용할 정보이기 때문입니다. 에밀리가 리나를 밀친 이유는 리나가 끼어들어서라기보다는 그 행동에 화가 났기 때문이니까요. 자신이 화가 났다는 사실을 알아차린 아이는 그러지 못한 아이보다 화를 더 잘 조절할 수 있습니다.

리나는 왜 에밀리의 뒤에 줄을 서지 않고 바로 그네를 타러 간 것일까요? 에밀리가 리나의 입장에 대해서는 생각하지 못했다면 그것을 알아볼 기회를 주는 것이 좋습니다. 어쩌면 에밀리를 보지 못했거나, 에밀리가 서 있는 것이 순서를 기다리는 것이라는 사실을 몰랐을 수도 있습니다. 그렇다면 리나에게 "내가 먼저 기다리고 있었어"라고 알려주는 것만으로도 문제가 해결될 수 있겠지요.

- 리나에게 화가 났다. (에밀리의 감정)
- 리나는 내가 기다리고 있는지 몰랐다. (리나 행동의 이유)

에밀리는 리나의 입장을 이해하게 되었습니다. 아마도 이제 화가 나지 않을 것이고, 리나를 오해하고 밀어버린 것이 미안하게 느껴질 수도 있죠. 그럼 리나에게 사과를 하기도 더 쉬워지겠지요? 하지만 이 훈육을 통해 에밀리는 더 중요한 것을 깨닫게 됩니다. 상황을 정확히 알면 더 좋은 행동을 할 수 있다는 점입니다.

아이의 이해력을 높이는 훈육은 아이의 전전두엽이 가치를 평가할 때 다음의 두 가지 측면에 중점을 두는 연습을 하게 합니다.

- 더 정확한 정보를 바탕으로 평가하기
- 더 많은 정보를 고려하고 탐색하기

더 정확한 정보, 더 많은 정보를 바탕으로 가치를 평가해보는 연습이 제대로 이루어지지 않으면, 아이는 단순한 의사결정을 하는 데 익숙해집니다. 많은 요소를 고려하고 판단하는 것은 더 어렵고 오래 걸리거든요. 깊이 생각하지 않고 결론을 지어버리는 것이 더 빠르고 쉽습니다. 가르치는 것도 마찬가지고요. 부모도 마주앉아 하나씩 짚어보는 것보다 “안 돼! 밀지 마!” 하고 외치는 것이 더 쉽습니다. 하지만 분명히 말씀드릴 수 있는 것은 하면 할수록 잘하게 될 것이고, 그것이 명료하게 사고하는 뇌를 키우는 법이라는 점입니다.

언제나 아이에게 상황을 이해시키기 위해 길게 대화할 수는 없을 거예요. 함께 노는 친구들이 있다면 짧게 대화한 뒤에 다시 놀도록 하는 것이 나을 수도 있습니다. 아이도 화가 나거나 속상해서 차분히 이야기를 하기 어렵다면 당장 이 대화를 할 필요는 없습니다. 아이가 충분히 진정한 뒤에 해도 괜찮습니다. 아이가 실수할 때마다 하지 않아도 됩니다. 훈육은 오늘만 할 것이 아니니까요. 하지만 기회가 있을 때마다 알려주세요. 아이가 차근차근 배울 수 있도록이요.

판단력

스스로 선택한 일의 결과를 경험하게 한다

좋은 판단을 내리는 것은 의사결정의 가장 높은 단계 목표입니다. 좋은 판단력을 가진 사람은 다른 사람들의 신뢰와 인정을 받고 리더로서 성장하게 됩니다. 남이 정한 대로 움직이는 아이는 판단력을 기를 기회를 얻지 못해요. 직접 판단하고 실패할 때 능력을 키울 수 있습니다. 훈육은 아이의 판단 능력을 높일 가장 좋은 기회예요. 네 가지의 방법으로 판단력을 키워주세요.

첫 번째는 경험입니다. 좋은 판단력은 직접 결과를 경험하면서 길러집니다. 경험이 다음 판단의 근거가 되거든요. 부모는 아이 스스로 판단하고 선택할 수 있는 기회를 주고, 그 결과를 경험하도록 해야 합니다. 이를 위해서는 아이를 어려움에서 '구출'해주고 싶은 유혹에 빠지지 않아야 하죠.

만약 에밀리의 엄마가 대신 리나에게 사과를 하고, 서둘러 에밀리와 그 자리를 떠난다면 에밀리는 교훈을 얻지 못합니다. 에밀리는 미안함과 부끄러움, 사과를 했는데도 리나가 계속 우는 것에 대한 당혹감, 리나가 다쳤을지도 모른다는 두려움을 경험할 필요가 있습니다. 그럼에도 불구하고 용기내어 사과를 한 리나와 화해하면 긴장이 풀리고, 걱정이 해소되며 다시 즐겁게 놀 수 있다는 사실도 경험해야 합니다. 그래야 그 정보들을 바탕으로 자신의 행동에 대한 가치 판단을 잘할 수 있습니다.

두 번째로 판단을 잘하기 위해서는 가치의 위계, 즉 무엇이 더 중요한지를 알아야 합니다. 하나는 무조건 좋고, 다른 하나는 무조건 나쁜 단순한 선택은 별로 없습니다. 어떤 측면에서 보면 이것이 더 나은 것 같은데, 다른 측면에서 보면 저것이 더 나은 경우가 많지요. 우리가 대전제를 만든 이유는 무엇이 더 중요한가를 가르치기 위해서입니다. 아이와 의사소통할 때는 표면에 드러나는 행동보다 중요한 '가치'를 중심으로 가르치는 것이 좋습니다.

"리나를 울리면 안 돼."

"친구에게 그러면 안 되지."

"리나는 너보다 어리잖아. 언니인 네가 참아야지."

틀린 말은 아니지만, 에밀리가 배워야 할 가치를 분명하게 전하고 있지는 않습니다. 이렇게 말하면 아이는 판단이 어려워집니다. '리나가 울지 않았다면 밀어도 괜찮을까? 리나가 내 친구가 아니라 모르는 사람이었다면 밀어도 되는 걸까? 나보다 언니라면 참지 않아도 될까?' 하는 혼란을 가져옵니다. 리나를 밀어서는 안 되는 이유는 '안전'의 가치를 지키기 위해서입니다.

"다른 사람의 몸에 손대지 말고 말로 해야 돼."

"밀면 다칠 수 있단다."

판단의 근거인 '안전'이라는 가치를 전달하세요. 더 높은 가치일수록, 부모가 훈육의 일관성을 높이고 단호하게 대응하면 아이는 저절로 무엇이 더 중요한가를 알게 됩니다.

마지막으로, 다음에 어떻게 하면 좋을지 시뮬레이션을 통해 미리 계획해봅시다. 상상해보는 거죠. 급하게 닥친 상황에서 좋은 판단을 하는 것은 아이에게나 어른에게나 어려운 일입니다. 비슷한 상황을 가정하고 미리 생각해보세요. 집에 돌아가는 길에 에밀리와 엄마는 이런 대화를 나누었습니다.

"하지만 리나가 새치기를 했는데요!"

"맞아. 리나가 새치기를 했지. 네 차례였는데 말이야. 그런 일은 다음에도 또 일어날 수 있어. 다음에 다른 친구가 새치기를 했을 때 어떻게 하는 것이 좋을까?"

아이들의 창의적인 해결책을 듣는 것은 참으로 즐겁습니다. 당장의 아이디어들이 실현 가능성이 없고, 말이 되지 않는다고 해도 괜찮습니다. 아이디어는 아이디어일 뿐이니까요. 여러 가지 아이디어를 내어놓는 것만으로도 아이들의 생각하는 힘은 튼튼해집니다. 한 걸음 더 나아가기를 원한다면 아이들의 아이디어를 함께 평가하는 대화를 해보세요. 그렇게 하면 된다, 안 된다를 부모가 바로 정해주기보다는 여러 관점에서 아이가 스스로 자신이 낸 아이디어를 평가하도록 제안해보면 좋습니다.

"'안 돼! 하지 마!' 하고 소리 지를 거예요."

"만약 친구가 네 목소리를 잘 못 듣고 있다면 큰 소리로 말해보는 것도 도움이 되겠구나. 그런데 작게 이야기하면 소용이 없을까?"

진지하지 않아도 괜찮습니다. 내가 할 수 있는 행동은 단 하나라는 고정된 생각에서 벗어나 다양한 답을 찾아보고, 골라 쓰는 재미를 느껴보는 것이 좋습니다.

"재미있게 말하는 방법은 없을까?"

"말을 하지 않고 몸짓으로 표현할 수도 있을까?"

"배트맨이라면 이런 상황에서 어떻게 할까? 헐크라면? 화가 나서 녹색으로 변해버리면 어쩌지?"

아이가 직접 아이디어를 낸다면 좋겠지만 그것이 아직 어려운 나이라면 부모가 제안을 해도 좋습니다. 혹은 아이가 자주 겪는 문제를 다루는 그림책을 보며 간접적으로 배우는 것도 좋고요. 밀지 말라는 말만 반복하거나, 다음에 또 친구를 밀면 놀이터에 갈 수 없다고 협박하기보다는 다음에 놀이터에 갔을 때 비슷한 상황이 벌어지면 "이번엔 내 차례야"라고 말하도록 연습하는 것이 아이가 빠르게 좋은 판단을 하는 데 더 큰 도움이 됩니다. 좋은 판단력을 키워주세요.

실행력

매일 해야 할 일은 습관으로 만든다

이해력과 판단력은 좋은 의사결정에 반드시 필요한 기반이 됩니다. 하지만 이 두 가지 능력은 발달하는 데 시간이 걸린다는 단점이 있습니다. 어린아이들은 이해할 수 있는 영역에 한계가 있고, 미래를 예측하지도 못 하기 때문에 판단을 내리는 것도 어렵습니다. 혹은 머리로는 이해했지만, 행동으로는 잘 나오지 않는 것들도 많습니다. 아이에게 이치와 원리를 깨우쳐줘도 곧바로 행동으로 실행하는 것이 어렵기 때문입니다. 이때 중요한 것이 습관의 형성입니다.

습관은 특정 상황에서 특정 행동이 자동적으로 튀어나오는 것을 말합니다. 습관에는 이해도 판단도 그다지 필요하지 않습니다. 습관에 필요한 것은 반복적 훈련입니다. 매일 하는 행동들, 예를 들면 양치질이나 옷 입기, 식사를 마친 뒤에 자리 정리하기 등의 행동은 이해나 판단보다는 반복에 의해 만들어지는 것에 가깝습니다. 만약 아이가 마땅히 해야 할 일들을 잘 하지 않고 있다면, 할 것이냐 말 것이냐(혹은 내 말을 듣느냐, 안 듣느냐)를 두고 훈육을 하며 씨름하기보다는 '어떻게 하면 잘 하게 될까'를 고민해야 합니다.

우리는 일정한 시간이 되어 세면대 앞에 서면 자동적으로 칫솔에 치약을 짜서 입 안에 넣습니다. 치약을 얼마나 짜야 할지, 어느 쪽부터 닦을지는 별로 고민하지 않아요. 그냥 오랫동안 그렇게 했기 때문에 반복하는 것입니다. 이렇게 반복되는 행동은 고려 사항을 많이 두지 말고, 특정한 신호가 있을 시(예: 저녁 식사 후) 바로 시행하도록 하는 것이 좋습니다. 그리고 행동을 마치면 보상(예: "이가 반짝반짝 해졌네!"라는 칭찬)으로 마무리합니다. 습관 형성은 이 연결 고리(신호-행동-보상)를 반복하면서 아이의 몸에 행동을 붙이는 과정입니다. 몇 가지 더 예시를 들어보겠습니다.

- 학교에 다녀와(신호) 가방을 정리하면(행동) 집안이 깔끔하다(보상)
- 이웃을 만나서(신호) 인사하면(행동) 서로 기분이 좋아진다(보상)
- 길을 걷다가 다른 사람과 부딪혔을 때(신호) 사과를 하면(행동) 갈등이 사라진다(보상)

의사결정 능력과 습관 형성은 단짝입니다. 아이가 어려움을 겪는 행동을 가르칠 때는 두 가지가 모두 필요합니다. 지훈이는 블록을 쌓다가 잘 되지 않으면 블록을 던지며 화를 냈습니다. 지훈이의 부모님은 지훈이가 원하는 대로 되지 않을 때의 감정이 좌절이라는 것도 알려주고, 던지면 다른 사람이 다치거나 물건이 깨질 수 있다는 점도 알려주며 이해를 돕습니다. 블록이 잘 맞춰지지 않을 때 도움을 요청하는 법도 알려주고, 너무 세게 던지는 날에는 블록 장난감을 잠시 치워둠으로써 아이에게 가치를 가르치기도 합니다. 하지만 그것만으로는 충분하지 않습니다.

지훈이에게 블록이 무너졌을 때 즉각적으로 나올 수 있는 다른 행동을 습관화해줘야 합니다. 말을 가르쳐줄 수도 있습니다. "도와주세요"라고 도움을 청하거나 "무너져서 속상해"라고 마음을 표현하는 말을 알려줄 수 있겠지요. 무너졌을 때 "왜 무너졌을까?" 하고 문제의 핵심을 생각해보는 과정을 연결시켜줄 수도 있습니다. 아랫부분을 좀 더 널찍하게 만든다거나, 블록을 좀 더 꽉 끼우는 등의 새로운 시도를 하는 법을 연습시켜주는 것이지요.

이 과정을 반복하다 보면 아이는 어느새 이 행동에 익숙해지고, 그다음부터는 번번이 고민해서 선택하지 않고도 행동할 수 있게 됩니다. 판단에 기반한 행동이 습관에 기반한 행동이 되는 것입니다. 이 시점이 되면 지훈이의 좌절을 극복하는 능력 자체가 변화합니다. 여기까지 오는 데에는 충분한 연습이 필요합니다.

좋은 습관은 해야 할 행동을 쉽게 할 수 있도록 만들어줍니다. 어떤 행동을 선택해야 할지 고민할 때, 그리고 나쁜 행동을 선택하고 싶은 마음을 억누를 때 뇌는 많은 에너지를 소모합니다. 어려서부터 좋은 습관을 만들어놓으면 의사결정 과정에서 생기는 에너지 소모를 최대한 줄일 수 있습니다. 습관을 만드는 방법에 대해서는 전작인

《스스로 해내는 아이의 비밀》에 자세하게 담아두었습니다. 더 궁금하시다면 참고해주세요.

좋은 습관은 훈육에 써야 할 시간과 노력을 절약시켜줍니다. 특히 생활 습관은 아이의 몸과 마음을 건강하게 유지시켜 아이로 하여금 좋은 행동을 더 잘할 수 있도록 돕습니다. 3장과 4장에 나오는 연령별 뇌 발달 과정을 참고하여 차곡차곡 좋은 습관을 쌓아가면 훈육이 훨씬 쉬워질 거예요.

훈육 잘하는 부모의 4가지 초능력

어린 시절 좋아했던 존경하는 선생님이 있었나요? 어떤 분이셨나요? 아이들은 재미있는 선생님, 열정적인 선생님, 아이들이 이해하기 쉽게 잘 가르쳐주는 선생님을 좋아합니다. 공정한 선생님, 청렴한 선생님, 아이들을 이해해주는 선생님을 존경합니다.

수학 교사가 수학을 가르치고, 담임 교사가 반을 이끄는 것이 핵심 역할이지만 교사 개인의 성품과 능력이 아이들과의 관계를 결정짓습니다. 부모도 마찬가지입니다. 우리 집의 규칙을 잘 만들고, 아이들에게 열심히 가르치는 것이 훈육의 핵심이지만 이를 잘 진행되도록 도와주는 부모의 능력들이 있습니다. 다음의 네 가지 능력을 읽어보며 잘 가르치는 부모가 되어봅시다.

경청

아이 스스로 생각해볼 기회를 준다

잭슨의 엄마가 부엌에서 요리를 하고 있습니다. 거실에서 놀던 잭슨과 동생 대니얼 사이에 다투는 소리가 들리더니 이내 대니얼의 울음이 터졌습니다. 대니얼은 엄마에게 달려와 엉엉 울며 "형이 자동차 못 하게 해!"라고 소리를 지릅니다. 엄마는 한숨을 쉬며 잭슨에게 소리칩니다.

"잭슨! 엄마가 동생이랑 사이좋게 놀라고 했지! 같이 놀지 않으면 너도 자동차는 못 갖고 놀 줄 알아!"

훈육을 하는 부모는 듣기보다는 주로 말하려고 합니다. 동생이랑 싸우지 말라고, 때리지 말라고, 소리치지 말라고, 장난감을 양보하라고 합니다. 왜 싸우지 말아야 하는지, 왜 때리지 말아야 하는지도 길게 설명합니다. 그리고 이렇게 마무리하죠.

"무슨 말인지 알겠어?"

잭슨이 동생을 울렸다는 사실에 집중해 이야기를 하면 잭슨은 위협에서 벗어나기 위해 자신을 변호하려고 할 거예요. 하지만 의사결정에 중요한 이해력은 아이가 상황을 살펴보고 관련된 정보를 파악하는 능력에서 출발합니다. 아이가 문제를 이해하기를 바란다면 경청의 자세를 준비해보세요.

❶ 하던 일을 멈추고 아이를 바라봅니다. 자세를 낮추고 아이와 눈을

맞춥니다.

❷ 아이의 말을 주의 깊게 들어보세요. 들으면서 아이의 말에 중요한 부분을 따라 하면서 잘 듣고 있음을 표시합니다. 아이가 한 말을 요약해서 짚어주면 아이는 부모가 자신에게 주의를 기울이고 있다는 것을 알 수 있습니다.

❸ 잘 이해가 되지 않거나 궁금한 부분은 질문을 합니다.

잭슨 엄마와 함께 경청 방법을 사용해볼까요?

요리를 멈추고 거실로 나가서 잭슨과 마주봅니다. (경청 기술① 눈 맞추기) 무슨 일이 일어났는지, 엄마에게 하고 싶은 말이 있는지 물어봅니다.

엄마 무슨 일이야? 어떻게 된 건지 설명해줄 수 있어?

잭슨 내가 먼저 트럭을 갖고 놀고 있었어.

엄마 네가 먼저 갖고 놀고 있었구나. (경청 기술② 아이의 말 반복)

잭슨 내가 대니얼한테 소방차도 줬어. 근데 대니얼이 그냥 트럭을 뺏어가려고 한 거야.

엄마 하지 말라고 이야기해봤어? (경청 기술③ 사실 질문하기)

잭슨 어어! 내가 "트럭 만지지 마"라고 이야기했다고! 그런데도 대니얼이 자꾸 말을 안 들었어.

엄마 그런 문제가 있었구나. 그래서 너는 어땠어? (경청 기술③ 아이의 마음 질문하기)

잭슨 화가 났어! 대니얼이랑 놀기 싫어. 자기 마음대로 안 되니까 울기만 하고! 엄마한테 이르고! 나도 울고 싶었어.

잭슨은 엄마가 자신에게 집중하고 관심을 기울이고 있으며, 내 마음을 이해하려고 노력하고 있다는 사실을 알게 됩니다. 그것만으로도 잭슨은 마음이 평온해지고, 이 상황을 안전하게 느낍니다. 편안한 마음은 잭슨이 이 상황을 스스로 해결할 힘을 불어넣어줍니다. 여기에서 한 번 멈추어보겠습니다.

엄마 음, 대니얼에게 안 된다고 했는데도 잘 해결이 되지 않았구나. 그럼 이제 어떻게 하지?

잭슨은 나의 이야기를 집중해서 들어주는 엄마 덕분에 현재 겪고 있는 문제가 무엇인지, 대니얼이 원하는 것은 무엇인지, 내가 할 수 있는 것은 무엇인지를 차분하게 생각해볼 기회를 얻게 되었습니다. 잭슨은 동생이 형을 너무 좋아한 나머지 형이 하는 것이라면 무엇이든 따라 할 준비가 되어 있다는 사실도 다시 떠올랐지요.

잭슨 대니얼, 내가 지금 트럭 갖고 놀고 있으니까 잠깐만 기다려. 이따가 주차 놀이 할 때 한번 시켜줄게.

잭슨은 새로운 행동을 선택했습니다. 이 선택이 더 나은 선택인지는 결과를 기다려보아야겠지요. 훈육의 목표는 아이의 독립적인 의사결정입니다. 부모가 선불리 뛰어들어 문제를 평가하고 해결책을 제시하면 아이는 계속 부모에게 의존할 수밖에 없습니다. 부모의 경청이 강력한 훈육 도구인 이유는 아이가 부모에게 자신의 입장을 이야기하면서 스스로 문제를 정의하고 해결책을 찾을 수 있도록 만들어주기 때문입니다. 지시하기 전에 아이가 스스로 생각할 기회를 주세요.

공감

더 친절하게 해결책을 제시한다

스탠퍼드 대학교의 자밀 자키 교수의 책 《공감은 지능이다》에서는 친절의 시스템이 친절한 마음을 키운다는 이야기가 등장합니다. '무관용'의 문화에서 교사들은 문제 학생을 구분하고, 다른 학생들을 문제 학생으로부터 보호하는 접근을 취합니다.

이 책에서 자키 교수는 스탠퍼드의 학생(이었으나 현재는 버클리 대학교 교수가 된) 제이슨이 수년간 진행해온 연구 프로젝트를 소개하는데요. 중학교 교사들에게 사춘기 아이들이 겪는 마음의 방황이나 불안정함 등에 대한 교육을 실시하고, 학생들을 벌하는 것이 아니라 성장을 도와줄 수 있는 방법으로써 처벌을 생각해보도록 했습니다. 그런 다음 교사들에게 어떻게 아이들을 훈육할지, 학생들을 어떻게 대할지에 대한 글을 쓰게 했습니다. 교육을 받은 교사들은 친절의 가치를 중시하는 글을 썼습니다. "나는 어제 무슨 일이 있었든 다음 날 아침이면 학생들을 미소로 맞이한다" 혹은 "학생들이 모두 그들을 사랑하는 누군가의 아들딸이라는 사실을 기억하려고 노력한다"와 같은 다짐을 적었습니다.

교사 교육 이후 학생들은 교실에서 더 존중받는 느낌이 든다고 이야기했습니다. 특히 정학을 받은 적이 있는 소위 '문제아' 학생들이 더욱 그러했지요. 실제로 학교의 정학 빈도가 반으로 줄어들었습니다. 교사가 청소년기 아이들의 마음을 더 이해하기만 해도 아이들의 행동이 변화한 것이죠. 그 이유는 무엇일까요? 바로 상대방의 고통을 이해하는 사람만이 기꺼이 돕고자 하는 마음을 갖기 때문입니다.

경청이 타인의 말에 집중하는 것이라면 공감은 타인의 마음을 헤아리는 것입니다. 공감하는 부모는 아이의 마음을 이해하는 부모입니다. 아이의 마음을 잘 알기 때문에 아이를 뜯어고쳐야 할 문제 자체로 보기보다는 아이가 겪고 있는 문제를 함께 해결해나갑니다. 아이에게 더 친절할 수 있게 되는 것이죠. 아이가 그네 탈 때 차례를 잘 지키지 않는다는 문제에만 집중하면 아이에게 "안 돼. 기다려" 하고 지시하게 되지만, 그네를 타고 싶은 간절한 마음 때문에 아이가 기다리는 시간을 견디기 힘들어한다는 데 공감하면 "기다리는 동안 가위바위보 놀이 할까?"와 같은 친절한 방법을 제안할 수 있습니다.

형의 트럭을 갖고 싶은 대니얼의 마음을 생각해봅시다.

엄마 왜 자꾸 형이 하는 것마다 뺏어가려고 들어? 너도 장난감 있잖아!

공감이 없는 부모의 눈에 대니얼은 욕심쟁이입니다. 형의 장난감을 달라고 조르는 떼쟁이이고, 마음대로 안 되면 엄마에게 달려가 엉엉 우는 울보입니다. 대체 왜 그러는지 이해가 되지 않고, '그만 좀 했으면 좋겠다'고 생각합니다. 울지 말라고 다그치거나, 똑같은 장난감을 두 개씩 사서 각자의 손에 들려줍니다.

공감하는 부모의 눈에는 무엇이 보일까요? 대니얼은 형인 잭슨을 좋아합니다. 형처럼 키도 크고 싶고, 형처럼 빨리 달리고 싶지요. 형이 갖고 노는 것은 무엇이든 내 손에 있는 것보다 더 멋져 보입니다. 형이랑 함께 놀고 싶어서 오전 내내 형이 학교를 마치기만 기다렸는데, 형은 나하고 놀아주지 않네요. 대니얼은 어떻게 하면 형에게 마음을 표현할 수 있을지 아직 잘 모릅니다. 그저 형 주변을 맴돌면서 형의 장난감을 슬쩍 건드려보는 것 외에는요.

엄마 대니얼이 형이랑 함께 놀고 싶은가 보구나. 형이 갖고 있는 장난감을 구경하고 싶니?

엄마 이리 와보렴. 엄마랑 같이 가서 형에게 "나도 보여줘" 하고 이야기해보자.

엄마 우와, 잭슨! 이 트럭 정말 멋지다! 동생이랑 엄마에게 이 트럭이 뭔지 설명 좀 해줄래?

공감하는 부모는 더 친절한 해결책을 제시합니다. 대니얼의 마음을 이해하고, 그 마음을 표현할 수 있는 말과 행동을 알려주면서 부모는 아직 어린아이에게 친절하게 세상을 안내할 수 있습니다.

이것은 잭슨에게도 큰 도움이 됩니다. 말이 잘 통하지 않는 동생을 이해하기에는 잭슨도 어리니까요. 부모의 공감을 보고 들으며 잭슨도 대니얼의 마음을 알게 됩니다. 아이들은 부모의 공감을 통해 마음의 위로를 받을 뿐만 아니라 상대방의 입장을 헤아리는 방법을 배울 수 있습니다.

모든 아이들은 좋은 아이가 되고 싶어 합니다. 나쁜 아이가 되고픈 아이는 없어요. 만약 아이가 실수를 했는데 부모가 아이를 이해해주지 않거나, 비난한다면 아이는 어떤 마음이 들까요? 아이는 '내가 문제가 있구나' '나는 나쁜 아이구나'라는 생각을 합니다. 그것은 큰 공포입니다. 공감은 공포를 지우는 역할을 합니다. 이해받는 아이는 안전하게 느낍니다. 비록 동생이 장난감을 빼앗으려고 했지만 그것은 형이랑 같이 놀고 싶은 마음이었다고, 동생에게 소리를 질렀지만 그것은 동생에게 방해를 받기 싫은 마음이었다는 것을 부모가 이해해줄 때 아이는 '나는 나쁜 아이가 아니야'라는 위안을 얻습니다. 그 위안을 통해 아이는 실수를 바로잡을 용기를 얻습니다.

유쾌한 접근으로 훈육 긴장을 낮춘다

훈육은 심각한 것이라고 생각하는 부모님들이 많습니다. 유머와 훈육은 언뜻 서로 어울리지 않는 말 같기도 합니다. 저는 이렇게 이야기하고 싶어요.

"Why not? (왜 안 돼?)"

진지하게 대화하는 것이 필요한 순간도 물론 있습니다만, 웃으며 이야기할 수 있다면 굳이 그러지 말아야 할 이유도 없습니다. 훈육의 상황은 부모와 아이 모두에게 긴장과 스트레스를 유발할 수 있습니다. 유머와 웃음은 긴장을 해소하고, 스트레스를 감소시키는 능력을 갖고 있지요. 즐겁고 유쾌한 분위기는 오히려 아이의 위축된 마음을 풀어주어 아이가 메시지를 쉽게 이해하고 기꺼이 협조하도록 만들어 줍니다.

저희 집에서 있었던 일입니다. 겨울이 끝나고 봄볕이 따스함을 넘어 따갑게 느껴지던 오후, 집으로 돌아오는 길에 첫째 서하가 덥다고 인상을 쓰고 푸념을 했습니다.

"더워~~~~ 너무 더워~~~."

이렇게 대답할 수도 있습니다.

"맞아. 날씨가 덥지. 하지만 덥다고 계속 짜증을 내는 것은 하나도 도움이 되지 않아. 너의 기분도 나빠질 뿐만 아니라 다른 사람의 기분까지 나쁘게 만들어. 그만 짜증내는 게 좋겠어."

혹은 이렇게 말할 수도 있겠죠.

"너만 덥니? 애기처럼 징징대지 말고 더우면 빨리 집으로 들어가!"

이런 대답들은 아이의 짜증내는 소리를 막을 수 있을지도 모릅니다. 하지만 짜증나는 마음은 여전히 남아 있겠죠. 제가 선택한 방법은 이것이었습니다. 왼발 오른발을 쾅쾅 구르며 과장된 표정과 우스운 목소리로 외칩니다.

"나도! 나도! 나도! 나도!"

동생 유하가 동참합니다.

"나도! 나도! 나도! 나도!"

기분이 조금 풀어진 오빠 서하가 다시 이야기했습니다.

"배고파아아아."

엄마와 유하가 다시 외칩니다.

"나도! 나도! 나도! 나도!"

이제부터는 아무 말이나 하며 킬킬대기로 바뀝니다.

"수영장 가고 싶어!"

"나도! 나도! 나도! 나도!"

"핫도그 먹고 싶어!"

"나도! 나도! 나도! 나도!"

"숙제 하기 싫어!"

"나도! 나도! 으잉? 엄마는 숙제가 없는데!"

쓸모없는 즐거움으로 어느새 우리는 집에 도착했습니다.

유머는 서하의 짜증을 완화시켜주는 방법이기도 하지만, 유하가 짜증을 낼 때 서하가 사용하는 대화법이기도 합니다. 유하와 대화가 잘 되지 않는다고 느낄 때면 서하는 줄곧 유하의 인형을 빌려 말합니다. 보드게임을 하다가 오빠에게 연달아 진 유하가 화를 내거나 심통을 부리면 서하는 유하의 장난감들을 가져와 '아기 인형이라서 게임을 잘 못하는 척' 하면서 게임을 이어갑니다.

유하는 인형 뒤에 오빠가 있다는 사실을 당연히 알고 있지만, 게임 위에 인형 놀이를 덧씌움으로써 이기고 지는 것을 유연하게 받아들일 수 있습니다. 가끔은 공룡 장난감이 와서 게임판을 엎어버리거나 카드들을 먹어버리기도 합니다. 유하는 (오빠가 연기하는) 공룡 장난감에게 그러지 말라고 근엄하게 꾸짖으며 오빠에게 줄줄이 지면서 마음에 쌓인 응어리를 풉니다. 유머는 싸우지 않고 긴장 상황을 넘길 수 있게 해줍니다.

유머는 건강한 스트레스 해소법이자 창의적인 문제 해결 방법입니다. 아이가 양치질을 싫어한다면 오히려 욕실로 가지 못 하게 장애물을 설치해서 막아보세요. 아이가 싫다고 고집을 부린다면 아빠가 더 어린 아기처럼 바닥에 앉아 나도 싫다고 외치며 울어보세요. 깔깔대고 웃으며 훈육 긴장이 낮아집니다.

유머는 아이가 문제를 전혀 다른 시각에서 바라볼 수 있게 해주고, 힘든 상황에서도 서로 웃으며 이야기할 수 있다는 것을 가르쳐줍니다. 문제를 유머로 바꿀 수 있는 아이는 사회에서 마주하는 갈등을 좀 더 쉽게 해결할 수 있는 강력한 무기를 갖게 됩니다.

인내

실패를 통해 성장하도록 기다려준다

언제나 부모가 문제에 뛰어들어 훈육을 해야 하는 것은 아닙니다. 부모는 한 발 물러서는 것을 선택할 수도 있습니다. 뇌가 예측의 오류를 통해 학습할 수 있다고 말씀드렸지요. 그렇기 때문에 뇌에게는 시행착오가 중요합니다.

아이가 자전거를 배울 때를 생각해보세요. 자전거 타는 법을 머릿속에 미리 그려보고 따라하는 것이 아니라, 이쪽저쪽으로 흔들리고 넘어지기도 하면서 균형 잡는 방법을 터득해나가게 됩니다. 이때 뇌는 쉬지 않고 성공과 실패의 신호를 기록합니다. 이 기록을 통해 어떤 행동이나 자세가 자전거 타기에 적합한지를 깨우쳐나가게 되지요. 뇌가 시행착오를 통해 자신의 오류를 발견하고 수정해나가는 것입니다.

아이의 성장에 있어 많은 부분은 가르치지 않는 순간도 필요합니다. 추운 겨울에 반팔 티셔츠를 입고 나가겠다고 우기는 아이는 반팔 티셔츠를 입고 나가서 매서운 바람을 겪어보면 외투의 필요성을 느끼게 됩니다. 해마다 더위와 추위를 반복해 겪으면서 아이는 절로 적당한 옷차림의 수준을 깨우쳐갑니다. 일교차가 큰 봄에는 반팔 위에 얇은 셔츠를 겹쳐 입는 지혜가 생기게 되지요.

나의 행동의 결과가 좋지 않다는 것을 마주하면 아이는 변화의 필요성을 깨우치게 됩니다. 그러기 위해서는 아이에게 실패할 기회가 주어져야 합니다. 아이가 실패를 경험하기 위해서는 부모가 기다려주는 것이 필요합니다.

요즘 부모에게는 가르치는 것보다 가르치지 않는 것이 더 어렵습니다. 너무 많은 사람들이 아이에게 무엇을 가르쳐야 하는지, 어떻게 가르쳐야 하는지를 말합니다. 빨리 가르치지 않으면 얼마나 좋지 않은 결과가 올지에 대해서 이야기합니다. 나이에 비해 빠르게 배우고, 의젓하게 행동하는 것처럼 보이는 아이들의 이야기도 매일 듣습니다. 이런 이야기들이 부모를 불안하게 합니다. 불안한 부모는 기다려주지 못합니다. 아이가 실패하도록 기다리지 못하고, 실패를 막기 위해 미리 가르칩니다.

알아요. 아이의 실패를 지켜보는 것은 쉽지 않지요. 아이가 힘들어하는 모습을 보는 것이 마음 아프기도 하고요. 아이가 울고 떼를 쓰거나, 소리를 지르면 나도 화가 나고 속상할 수도 있어요. 이러느니 내가 억지로라도 시키고, 대신 해주는 것이 더 낫지 않을까 싶죠. 그래서 필요한 것이 인내입니다. 내가 나서서 쉽고 빠르게 해결해주고 싶은 마음을 참는 거예요.

아이는 아직 아이입니다. 좀 느리고 미숙한 것이 당연해요. 아이가 실패할 가능성을 막다 보면 아이는 배워야 할 것을 잘 배우지 못할 뿐만 아니라, 실패하는 것을 겁내게 됩니다. 넘어지기를 두려워하면 자전거 타는 법을 배울 수 없습니다. 놓아주세요. 아이가 자신의 속도로 배울 수 있다는 것을 믿어봅시다.

부모의 훈육 방식은 아이의 삶의 태도가 된다

아이의 말을 들어주면 부모의 권위가 사라지진 않을까? 아이의 마음에 공감해주면 버릇이 없어지지 않을까?

누군가는 아이의 마음에 공감하면 훈육이 잘 된다고 하기도 하고, 누군가는 공감해주니까 버릇이 없어진다고 합니다. 이 말을 듣는 부모들은 공감을 해야 할지, 말아야 할지 고민하게 되고요. 여기에는 큰 착각이 있습니다. 내가 마음만 먹으면 언제든지 아이의 마음을 공감할 수 있다는 착각이죠. 나는 내 아이를, 다른 사람을 잘 공감할 수 있나요?

공감은 훈육의 효과를 높이려고 쓰고 싶을 때 골라 쓰는 기술이나 대사가 아니라 아이의 감정과 생각을 잘 이해하는 능력입니다. 공감 능력이 좋은 부모와 그렇지 못한 부모가 있는 것이지요. 마치 시력처럼요. 시력이 좋으면 앞이 잘 보이고 시력이 나쁘면 뿌옇게 보이듯이, 공감 능력이 우수한 사람은 다른 사람의 마음을 잘 헤아리고, 공감 능력이 떨어지는 사람은 다른 사람의 마음을 잘 모르는 것입니다.

공감은 숙제를 하지 않으려는 아이에게 단순히 "숙제하기가 싫구나"라는 말을 덧붙일지 말지의 문제가 아니라, 아이가 숙제를 거부하기까지의 배경을 잘 이해하는 것입니다. 그것은 아이의 감정이기도 하고, 과목이나 성적에 대한 아이의 생각이기도 하고, 때로는 공부와 전혀 관계없는 것(예: 학교에서 있었던 친구와의 다툼)이기도 합니다. 부모가 공감을 통해 아이의 마음을 이해하면 아이와 잘 소통하게 되고, 아이의 문제에 잘 맞는 해결책을 찾을 수 있게 됩니다.

공감은 부모 내면의 능력이기 때문에 훈육할 때만 사용하는 기술이 아닙니다. 부모는 아이를 공감하며 놀아주고, 공감하며 대화하고, 공감하며 훈육함으로써 결국 아이를 더 잘 이해하게 됩니다. 이 시간들이 모두 쌓여 부모는 아이와 깊이 연결되고, 아이는 부모의 공감을 토대로 안정감을 느낍니다. 그리고 부모로부터 공감과 지지를 받은 경험이 다시 아이의 공감 능력을 키워줍니다.

경청, 공감, 유머, 인내. 이 네 가지 능력들은 훈육 기술이라기보다는 삶의 태도입니다. 그리고 이 태도를 갖추는 것은 가정에서부터 시작됩니다. 내가 아이의 말을 경청하지 않으면서 아이가 나의 말을 경청하기를 바라는 것은 어렵습니다. 아이가 경청의 태도를 배울 기회가 없기 때문입니다. 공감도 마찬가지입니다. 공감은 사회 적응과 건강한 관계 유지에 필수적인 능력이지만 책에 쓰인 말로 배우기는 어렵습니다. 공감을 받아본 아이, 공감의 과정을 지켜본 아이가 잘 할 수 있습니다. 유머와 인내는 어려움을 웃으며 넘기는 능력, 알맞은 때를 기다리는 능력입니다. 훈육 기술이라기보다는 인생을 대하는 태도라고 할 수 있지요. 어른이 먼저 갖춤으로써 아이들에게 가르쳐줄 수 있는 태도 말이에요.

자신에게 이 태도들이 부족하다고 느끼는 분들도 계실 거예요. 자라면서 공감과 인정을 충분히 받지 못했고, 나의 말을 들어주고 수용해주는 어른이 없었을 수 있어요. 때로는 즐겁게, 때로는 인내로 인생을 대하는 법을 배우지 못했을 수도 있습니다. 내가 받아본 적 없는 방식의 사랑을 아이에게 과연 줄 수 있을까요?

다행인 것은 이미 어른이 된 우리들도 얼마든지 이러한 태도를 키울 수 있다는 점입니다. 부모가 되는 것은 어린 시절을 다시 살아볼 기회를 얻는 것이나 다름없습니다. 이미 오래전에 지나가버려서 잊고 있던 것들이 되살아나 나를 괴롭히기도 하지만, 지난날에 부족했던 것을 채우는 기회가 되기도 합니다. 우선 나 자신을 다정하게 대해보세요. 나의 마음을 궁금해하고, '아, 내 마음이 그랬구나'라고 끄덕여보세요.

너그러워집시다. 나에게도, 아이에게도. 사람마다 각자의 감정과 생각이 있다는 것을 인정하고, 겉으로 드러난 행동 속에 숨은 이유를 호기심으로 들여다보세요. 나의 특성, 그리고 우리 아이의 특성에 대해 생각해보고, 잘 이해되지 않는 것은 공부해보세요. 아는 것에서 따뜻한 시선이 나옵니다. 그리고 알면 실수를 유연하게 바라보게 됩니다. 너무 나 자신을 책망하지 마세요. 충분히 배우지 못한 것을 하는 것은 원래 어렵습니다. 내가 먼저 나의 실수에 유연해지면 아이가 실수를 해도 웃음과 믿음으로 기다려줄 수 있게 될 거예요. 아이를 키우면서 동시에 나를 키울 기회를 놓치지 마세요.

✦ 영유아기

세상을 탐험하는 행복한 아이로 키워라

뇌를 아는 부모, 발달을 이끄는 훈육

훈육에 뇌 이야기가 왜 필요할까요. 뇌과학은 어렵고 딱딱하게 느껴지는데 말이에요. 저는 뇌를 아는 부모는 아이를 더 친절하면서도 유연하게 대할 수 있다고 생각합니다. 뇌가 세상을 어떻게 이해하고, 어떤 방식으로 새로운 능력을 배우는지, 그리고 변화하는 환경에 얼마나 잘 적응하는지를 이해하면 훈육이 전혀 다른 시각에서 보이게 됩니다.

아는 만큼 이해할 수 있고 도울 수 있기 때문이에요. 첫째로 뇌를 아는 부모는 아이에게 맞는 기준을 요구합니다. 아이의 발달 단계를 고려하지 않은 훈육은 무리한 요구가 될 가능성이 높아요. 아이들은 누구나 배우고 싶어 하고, 잘하고 싶어 하고, 칭찬받고 싶어 합니다. 하지만 아이의 발달에 맞지 않은 훈육은 좌절을 안겨주죠. 아이가 부모 말을 잘 듣고 안 듣고를 떠나 그냥 할 수 없는 거예요. 그걸 반복하다 보면 결국 하기 싫어지게 되고요.

둘째로 뇌를 아는 부모는 아이와 효과적으로 소통합니다. 같은 규칙이라도 아이의 연령에 따라 가르치는 방법이 달라집니다. 아이의 성장에 맞는 방식으로 이야기하면 아이는 훈육을 잘 따를 뿐 아니라 다른 사람과 소통하는 법 자체를 배우게 됩니다. 뇌를 아는 부모는 아이의 발달 단계와 성장을 이해하고, 훈육을 더 효과적이면서 동시에 따뜻하게 할 수 있어요. 이를 통해 아이가 스스로 배우고 성장할 수 있는 기반을 마련해줍니다.

그렇다면 우리는 무엇을 알아야 할까요?

능력의 발달 없이는 행동도 없다

훈육에서 규칙을 알려주는 것은 중요한 부분입니다. 하지만 저는 이것을 훈육의 '시작'이라고 표현해요. 그것만으로 훈육이 완성되지는 않습니다. 아이의 행동은 단순히 규칙을 따르거나 어기는 문제가 아니거든요. 아이가 규칙에 맞는 행동을 하기 위해서는 반드시 그 행동을 수행할 만한 능력의 발달이 필요합니다. 행동은 능력의 발현입니다.

얼마 전부터 서하는 양궁을 배우기 시작했어요. 저는 양궁이란 먼저 목표의 가운데를 조준해서 쏘는 것이라고만 생각했어요. 그런데 의외로 양궁 수업에서 코치는 세 발의 화살을 쏘면 세 발이 한곳에 '모이는 것'을 먼저 가르치기 시작하더라고요. 너무 신기했죠. 과녁의 가운데를 맞추는 것이 궁극적인 목표이긴 하지만, 이를 위해서는 화살이 일관된 패턴으로 날아가야 하기 때문이래요. 세 발의 화살이 한 지점에 모이게 훈련하는 것은 반복적으로 같은 자세와 힘을 유지할 수 있는지 확인하는 단계라고 합니다. 심지어 화살이 옆사람 과녁으로 날아갈 때도 있어요. 그래도 괜찮다고 해요. 일단 꾸준하게 한 자세로 쏠 수 있다면, 그 다음에 자세를 살짝 틀면 본인 과녁으로 화살이 향할 테니까요. 즉, 자세와 집중력을 일관되게 유지할 '능력'을 먼저 길러야 그 다음에 화살의 방향을 원하는 대로 컨트롤할 수 있다는 말이었어요.

부모는 종종 섣불리 아이의 행동을 교정하려고 합니다. 하지만 아이에게 그 행동을 할 수 있는 능력이 부족한 경우 교정되지 않거나, 되는 것처럼 보여도 유지되지 않고 부모의 노력은 일시적 효과에 그치고 맙니다. 아이에게 일관되게 행동할 능력이 없다면 옳은 방향을 조준하라고 지시해도 아이가 꾸준히 따라하기 힘든 것이죠.

물건을 분류하고 정돈하는 능력이 없다면 "방 치워라" 하고 말해도 늘 깔끔한 방을 유지하긴 어려워요. 핑계와 거짓말로 상황을 모면하려는 아이는 불안함과 두려움을 이겨내고 자신의 실수를 수용할 수 있어야 거짓말을 그만둘 수 있죠. 작은 일에도 엉엉 울고 떼를 쓰는 아이는 감정 조절하는 법을 배워야 하고요.

다시 한번 이야기할게요. 아이의 행동은 단순히 규칙을 따르거나 어기는 문제가 아닙니다. 부모는 아이들의 행동은 능력의 발달과 함께한다는 것을 잊지 말아야 해요. 이해력과 사고력, 감정 조절, 문제 해결, 자기 통제와 같은 능력이 성장할 때 아이는 점점 좋은 행동을 보이게 됩니다.

우리 아이가 자주 보이는 문제가 있다면, 그 부분이 아이가 가장 어려워하는 행동이라고 생각하세요. 그리고 그 문제를 해결하는 데 필요한 능력을 알려주어야 합니다. 아이가 배우지 않은 것을 못한다고 해서 책망해서는 안 돼요. 누군가의 안전을 위협하는 위급한 상황이라면 부모가 나서서 막아주고, 그렇지 않다면 아이의 능력을 길러주는 장기적인 접근을 선택하세요. 아이가 작은 성공 경험을 통해 자신감을 얻고, 새로운 시도를 반복할 수 있도록 돕는 것이 가장 중요합니다.

뇌를 아는 부모는 필요한 자극을 준다

무엇보다 뇌를 아는 부모는 아이가 필요로 하는 경험과 기회를 제공할 수 있습니다. 아이들이 보이는 많은 행동은 그들의 뇌 발달 과정에서 자연스럽게 나타나는 것입니다. 그 시기에 충분히 경험하고 즐겨야 하는 것들이 뇌 발달을 촉진하며, 이를 통해 새로운 능력을 배우고 성장하게 되지요.

어른의 눈으로 보면 이해되지 않을 수도 있는 행동들이 있죠. 아이들의 놀이와 장난, 시끄럽고 어수선한 행동, 때론 쓸데없는 말장난이나 버릇없는 말대꾸까지, 이 모든 것이 사실은 아이의 뇌가 발달하는 과정에서 필요한 부분일 가능성이 큽니다. 이 가능성을 볼 수 있는 부모가 아이를 더 나은 의사결정자로 키웁니다.

아이들의 신체 활동이 좋은 예입니다. 아이들이 방 안에서 쉴 새 없이 뛰어다니거나 큰 소리로 웃고 소리 지르는 모습이요. 어른들은 수업을 방해하니까 조용히 하라고 하고, 층간 소음 때문에 뛰지 말라고 하고, 학습지를 해야 하니까 똑바로 앉으라고 합니다. 하지만 아이들의 신체 활동은 뇌의 운동 조절과 협응력을 발달시키고, 정서적 발달에도 중요한 역할을 해요. 아이의 집중력이 서서히 바닥나고 있을 때, 몸을 움직이고 에너지를 발산하고 나면 오히려 집중력을 회복하는 데 도움이 됩니다. 필요한 만큼의 신체 활동이 채워져야 아이들은 행복합니다.

필요한 수준의 신체 활동을 채우지 않는 경우에는 훈육이 어렵습니다. 비가 오거나 추운 날씨 때문에 몇날 며칠을 방 안에만 있다 보면 아이들이 평소보다 더 많이 싸우는 걸 볼 수 있습니다. 적당한 자극이 없어 지루하고, 좁은 공간에서 행동의 제한을 받기 때문에 자유롭게 놀 수 없고, 형제 간에 공간과 놀잇감을 공유하면서 갈등이 쉽게 생기기 때문이죠. 이 지루함을 미디어로 막으면 그 순간에는 괜찮지만 TV를 끄고 나면 더 보겠다는 실랑이가 시작되고, 영상으로 인한 흥분을 가라앉히지 못한 아이들이 더 말을 듣지 않게 됩니다. 몸을 움직이지 않고 영상으로 하루를 보내면 아이의 수면도 방해를 받습니다. 푹 자지 못한 아이는 아침에 일어나기도 어렵고, 등원 준비를 안 하겠다며 떼를 씁니다.

미세먼지가 심하거나 추운 날에는 엉금엉금 집안을 기어다니거나, 풍선을 치고 놀거나, 이불을 깔고 앞구르기를 하는 것이 긴 미디어 시간보다 훨씬 도움이 됩니다. 방문에 철봉을 다세요. 미디어 시간 뒤에는 댄스 타임을 붙여 아이의 흥분을 털어내세요. 아이가 몸을 비비 꼬면서 집중을 못 한다면 일어서서 팔 벌려 뛰기를 하고 오라고 하세요. 이러한 경험이 쌓이면 아이는 집안에서 심심하고 몸이 찌뿌둥할 때 괜시리 동생에게 시비를 걸기보다는 벌떡 일어나 몸을 움직이는 행동을 선택하게 됩니다. 더 나은 의사결정을 하게 되는 것이죠.

아이들의 행동은 우리에게 무언가를 알려줍니다. 부모는 호기심을 갖고 접근할 필요가 있어요. 왜 이런 일이 일어나는가를 생각하세요. 아이에게 필요한 자극이 충족되었는지, 그리고 아이가 혼자서 문제를 해결할 만큼 충분한 능력이 있는지를 고민해보세요. 훈육은 아이들이 뇌를 발달시키고 중요한 삶의 기술을 배우는 기회입니다.

아이의 뇌는 보고, 듣고, 느끼는 모든 것으로부터 배운다

흔히 영유아기를 뇌 발달의 황금기라고 부릅니다. 엄마 배 속에서부터 아이의 뇌가 만들어지기 시작해 생애 초기에는 맹렬한 속도로 새로운 신경 연결을 만들어냅니다. 학령기에 접어들면 (개인마다 속도와 양상은 다르지만) 뇌는 튼튼한 신경 회로를 만드는 데 집중해서 빠르고 효율적인 정보 처리에 박차를 가하게 됩니다. 여기에서 한 가지 중요한 것이 있습니다. 뇌 발달은 24시간, 365일 내내 진행된다는 것입니다.

형과 동생이 싸워서 싸움을 중재하고, 필요한 경우 아이들의 행동을 교정하는 훈육은 하루에 5분이면 됩니다. 큰 잘못을 해서 선생님께 불려 가 따로 훈계를 듣거나, 반성문을 쓴다고 해도 글쎄요, 30분을 넘기긴 어려울 거예요. 매일 있는 일도 아니고요.

뇌는 늘 배우고 있습니다. 아이를 둘러싼 환경으로부터 계속 자극을 받아들이고, 그 안에서 중요한 정보를 학습하며, 해야 할 행동을 결정합니다. 그리고 반복적으로 하는 행동은 점점 더 잘하기 위해 뇌를 가다듬지요. 그것이 뇌의 발달입니다.

일관성의 이야기로 잠시 돌아가보겠습니다. 단순히 훈육 시간에 규칙을 반복해서 알려주는 것만이 일관성이 아닙니다. 만약 부모가 아이에게 '거짓말 하지 말라'고 훈육했지만 부모가 아이의 손을 잡고 무단횡단을 하거나, '5세 미만 무료'인 식당에 가서 여섯 살인 아이에게 다섯 살이라고 말하라고 한다면 아이는 정직의 가치를 배우기 어렵습니다. 부모가 '성적이 중요한 게 아니야'라고 말했다고 해도 백점을 맞을 때 기뻐하고, 하나라도 틀렸을 때 인상을 찌푸린다면 아이는 성적이 가장 중요하다는 것을 학습합니다. 아이의 뇌는 금세 서로 맞지 않는 메시지를 파악하고, 무엇이 더 중요한가를 비교 평가하게 됩니다. 아이의 뇌는 보고, 듣고, 느끼는 모든 것으로부터 배웁니다. 경험은 아이의 뇌를 바꾸고, 아이의 뇌는 행동을 이끕니다.

그러므로 훈육에는 때와 장소가 없습니다. 그것이 훈육을 어렵게 만들기도 하지만, 반대로 부모의 마음을 편안하게 만들기도 합니다. 형제 간의 싸움을 바로 중재하고, 아이의 행동을 당장 고치지 못했더라도 괜찮습니다. 아이들은 부모가 갈등을 해결하는 모습을 보며 배우고, 자기 전에 읽은 그림책에서도 배울 수 있으니까요. 부모만 아이를 가르치지 않습니다. 선생님, 친구, 이웃, 영상이나 책에 담긴 메시지들이 모두 아이를 가르칩니다. 좋은 환경이 아이에게 좋은 행동을 가르칩니다.

훈육에는 시기가 없다

언제부터 훈육을 시작해야 할까요? 이 문제는 훈육의 범위가 어디까지인지 생각해보는 데서 시작해야 할 것 같아요. 훈육은 세상을 알려주는 것이고, 세상은 나이를 불문하고 존재합니다. 다만 아이가 얼마나 이해할 수 있고, 얼마나 실천할 수 있는가가 다를 뿐이죠. 아이들의 뇌 발달과 특성에 따라 부모와 함께 세상을 배워나가면 됩니다.

첫 번째로 고려해야 할 것은 발달 수준입니다. 우선 저는 훈육을 하기 위해 특정 나이가 될 때까지 기다려야 한다고 생각하지는 않습니다. 아이의 나이에 맞는 내용을, 그에 맞는 방식으로 가르치면 되니까요. 아이를 키워보신 분은 누구든 공감할 거예요. 아이가 어리다고 해서 가르쳐야 할 것이 없는 건 아니란 것을요. 밖에 나갈 때는 신발을 신는다는 것부터, 길에 떨어진 것을 주워 먹으면 안 된다는 것, 전깃줄을 씹으면 안 된다는 것과 엄마 얼굴의 안경을 잡아채거나 손가락을 깨물면 안 된다는 것 등 어린 아기에게도 가르쳐야 할 일은 참 많습니다.

연령이나 발달 단계에 따라 아이의 행동을 다르게 이해해야 합니다. 예를 들어 아이가 물건을 던지는 행동을 생각해봅시다.

0~1세의 영유아기에는 물건을 던지는 행동에 큰 의미는 없습니다. 대개는 물건에 대한 탐색 중 하나이고, 손의 힘과 움직임을 실험하며 동작을 배우고 몸을 발달시키는 과정입니다. 그 과정에서 재미를 느껴 반복하는 것에 가깝지요. 공을 던졌더니 아빠가 칭찬을 하고 함께 놀아줬다면, 숟가락을 던지는 행동으로 이어지기도 합니다. 아이가 왜 그 행동을 하는지 관찰하고 적절한 행동으로 돌려주거나, 그 행동이 나타나는 상황을 없애 행동을 줄일 수 있습니다.

유아기에 접어들면 아이들이 좀 더 많은 감정을 느끼고 표현할 수 있게 됩니다. 장난감을 갖고 놀다가 뜻대로 되지 않으면 던지는 행동은 좌절감이나 화를 표현하는 행동으로 볼 수 있습니다. 이 시기에는 아이가 물건을 던졌을 때 그 감정을 이해하고 말로 표현할 수 있도록 도와줍니다.

아이가 감정을 다룰 수 있는 단순한 전략(예: 심호흡, 인형 꼭 껴안기)

을 연습하게 하는 것도 좋아요. 초등 이상의 아이들은 충동 억제와 감정 조절 능력이 어느 정도 발달했을 거예요. 그러나 여전히 스트레스를 받거나 극도로 화가 나면 행동을 주체하지 못하고 물건을 던질 수 있습니다. 이때는 다른 사람을 향한 공격이라는 의도가 있을 수 있으며, 부정적 감정을 처리하는 방식을 잘못 배운 것으로 생각해야 합니다. 이 습관을 고치지 못하면 단체 생활이나 또래 관계에 문제가 생기기 때문에 빠르게 수정하도록 도와줘야 하지요.

그다음으로 고려할 것은 아이의 신경발달적 특징입니다. 모든 뇌는 다 다릅니다. 어떤 아이는 충동의 조절이 어렵지만 호기심과 모험심이 강합니다. 이 아이는 창의적이고 새로운 아이디어를 시도하는 데 거침이 없을 수 있지만, 지루한 과제에 집중력을 유지하고 단체 생활의 규칙을 따르는 데에는 어려움을 겪을 수 있어요. 어쩌면 아이는 교실에서 더 많은 지적과 부정적인 피드백을 받을 수도 있어요. 게을러 보이거나 반항적으로 보이기도 하죠. 하지만 아마도 아이는 매일 반복해야 하는 지루한 일들이 '어려운' 것일 거예요. 할 일을 확실히 이해할 수 있는 시각적 도구를 이용하고, 집중을 흐트러트릴 만한 요소들을 관리하고, 아이의 호기심을 활용하는 탐구 활동과 아이 주도의 프로젝트 기반 학습을 제공하면 아이의 강점이 활짝 피어납니다. 아이의 타고난 기질은 그 자체로는 장점도 단점도 아닙니다. 아이가 잘하는 부분은 강점으로 살리고, 어려워하는 부분은 좀 더 시간을 두고 차근차근 연습해나가면 됩니다.

지금부터 우리는 아이들의 연령별로 뇌의 발달을 살펴볼 거예요. 부모가 어떻게 자라는 아이의 필요를 채우고, 아이의 성장을 지원할 수 있는지를 자세하게 이야기할 텐데요. 유념할 것은 모든 아이가 다 똑같지는 않다는 점이에요. 여러분의 목표는 이 내용을 그대로 따라 하는 것이 아니라 내 아이와 우리 가족의 모습에 맞게 적용하는 것입니다. 아이가 자신만의 속도로 성장할 수 있도록이요.

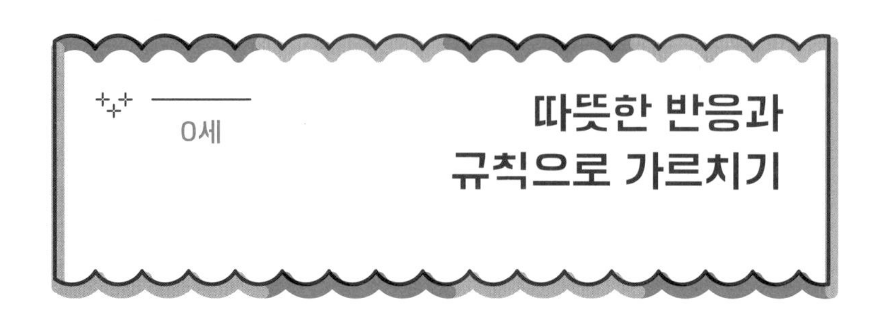

0세

따뜻한 반응과 규칙으로 가르치기

만 0세에는 아직 해야 할 일을 직접적으로 가르쳐주는 것은 좀 어렵습니다. 언어적 지시를 이해하기도 어렵고, 스스로 할 수 있는 행동의 폭도 제한적이니까요. 그러나 0세라고 해서 세상을 이해할 수 없는 것은 아닙니다. 과거에는 신생아는 거의 아는 것이 없고, 매우 제한적인 능력만 갖고 있다고 생각했습니다. 최근 과학적 증거들은 우리의 뇌가 많은 것이 준비된 상태로 세상에 나온다는 것을 보여줍니다. 그리고 아이들은 아주 어릴 때부터 많은 것을 이해할 수 있기도 하고요.

예일대학교의 윈 박사는 생후 3개월 된 영아들에게 동그라미 인형이 언덕을 올라가는 모습을 보여주었습니다. 이 인형극에는 두 친구가 등장합니다. 세모 친구는 동그라미가 언덕을 올라가도록 도와주고, 네모 친구는 동그라미를 언덕 아래로 밀어 떨어뜨립니다. 그 뒤에 아기들에게 세모와 네모 인형을 보여주자, 아기들은 친절한 캐릭터인 세모를 더 오랫동안 바라보았습니다. 생후 5개월 이상의 아기들은 친절한 세모 인형을 네모 인형보다 더 잡으려고 했고요. 아기들이 기어다니기도 전에 이미 '착한' 캐릭터를 구분할 수 있다는 것이죠. 정말 똑똑하지요? 그렇다면 아직 걸음마도 시작하기 전의 아기들에게는 무엇을 알려줄 수 있을까요?

매일 반복되는 일과 배우기

아이는 반복되는 활동을 통해 커다란 규칙을 배우기 시작합니다. 해가 뜨면 일어나서 활동을 시작하고, 해가 지면 모두 쉬는 시간이 된다는 낮과 밤의 구분을 알려주는 데에서 시작하세요. 먹는 시간, 노는 시간, 목욕하는 시간, 카시트에 앉아야 하는 시간 등 아기가 나의 하루가 어떻게 구성되어 있는지 배우는 시기입니다. 모든 활동을 오차 없이 규칙적으로 할 수는 없어요. 하지만 대략적인 흐름이 잡혀 있으면 아이들은 이것을 규칙으로 학습하고 일어날 일을 '예측'할 수 있게 됩니다. 만 0세에 배울 수 있는 규칙의 예시들은 다음과 같습니다.

- 아침에 커튼이 걷히면 엄마가 나에게 와서 인사를 한다.
- 아침에는 기저귀를 먼저 갈고 나서 분유를 먹는다.

- 턱받이를 하는 것은 이유식을 먹는다는 의미이다.
- 목욕하고 로션을 바르고 잠옷을 입으면 방으로 들어간다.
- 아빠가 나를 안고 자장가를 부르면 잘 시간이 되었다는 뜻이다.

행동의 경계 배우기

영아기의 중요한 발달 과업은 감각 정보의 처리 및 운동 능력의 발달입니다. 눈으로 보고, 귀로 듣고, 코로 냄새 맡으며 세상을 탐험하고 몸을 움직이며 점차 독립적인 존재로 자라나지요. 이때는 아이가 감각 정보를 통해 이해한 세상과 아이의 행동에 따른 결과를 연결해주는 방식으로 규칙을 알려줄 수 있습니다. 어린 아기들도 배울 수 있는 규칙들이 많거든요. 고전적 조건 형성 이야기에서 말씀드린 것처럼 젖병을 흔드는 어른을 보면 아이들은 '이제 먹는구나!'라고 알아차립니다.

0세의 아기들도 행동의 경계를 어느 정도 배울 수 있습니다. 아이가 배밀이나 기어다니기와 같은 이동을 시작하면 본격적으로 세상의 경계가 필요해집니다.

서하가 기어다니던 무렵 에어컨 전원선에 관심을 보였습니다. 거실에서 돌아다니다가 에어컨 전원선을 보면 입에 넣고 싶어 했지요. 그때마다 "서하야~" 하고 불러 주의를 끌고 (화를 내지는 않되) 평소보다 조금 큰 소리로 "그건 먹으면 안 돼" 하고 말해줬습니다. 고개를 젓거나 검지 손가락을 흔드는 행동으로 안 된다는 신호를 보여주기도 했고요. 그런 다음 다가가 아이를 안고 돌아온 다음 아이가 좋아하는 책이나 장난감을 쥐어주었습니다. 같은 행동을 며칠 반복하자 아이는 전선에 손대려다가 엄마를 슬쩍 돌아보더군요. "응~ 그건 먹으면 안 되지. 엄마한테 와. 이거 읽자" 하고 책을 보여주니 아이는 방향을 돌려 저에게 다가왔습니다.

- 에어컨 콘센트에 손을 대면 엄마가 와서 나를 데려간다.
- 엄마가 부를 때 다가가면 재미있는 책을 읽어준다.

두 가지 규칙을 반복함으로써 서하는 '콘센트를 만지면 안 된다'는 것을 학습했습니다. 이후 현관의 신발을 끄집어낼 때나, 변기를 잡고 일어서 뚜껑을 열려고 할 때에도 같은 방식으로 행동을 전환시켰고요. 둘째 유하가 엄마의 안경을 자꾸 잡아챌 때에도 "안경은 안 돼"라고 말하며 손을 막고, 아기를 잠시 바닥에 내려두었다가 유하가 좋아하는 딸랑이를 손에 쥐어주고(손에 다른 물건을 쥐었으니 안경을 잡지 않음) 다시 안아줌으로써 며칠 만에 안경 잡는 행동을 없앴습니다. 말이 통하지 않아도 아이들은 생각보다 유능합니다. 아이가 알아들을 수 있는 방법으로 소통하세요.

따뜻하고 민감하게 반응하기

영아기에 가장 중요한 것 중 하나는 바로 애착 형성입니다. 애착이란 아기와 아기를 돌보는 양육자 사이의 끈끈한 연결입니다. 애착은 부모가 아기의 요구에 따뜻하고, 민감하고, 일관적으로 반응할 때 탄탄하게 형성됩니다. 예를 들어 아기가 울 때 부모는 아기에게 다가가 무엇이 불편한지, 부족한 것이 있는지 살펴보게 되죠. 기저귀가 젖었다면 새 것으로 갈아주고, 아기가 배고파 보이면 먹이고, 더워 보이면 옷을 벗겨줍니다. 특정 이유가 보이지 않는다면 아기를 안고 얼러주게 됩니다. 이렇게 아기가 느끼는 불편을 적극적으로 찾고, 일관되게 해결해주면 아기는 부모와 안정적인 애착을 형성하게 돼요.

부모는 아기가 처음으로 만나는 세상이기 때문에 부모가 제공하는 적절한 돌봄을 받고 자란 아기는 부모를 신뢰할 만한 존재로 여기고 세상을 안전한 곳으로 인식합니다. 애착은 아이가 자라면서 얼마나 긍정적으로, 안정감 있게 세상을 탐험할지에 영향을 미쳐요. 양육자와 애착이 잘 형성된 아이는 스트레스에 더 강하고, 새로운 환경을 안정감 있게 탐색할 수 있어요. 부모가 일종의 안전 기지 역할을 하기 때문이죠.

이것이 겁이 없는 아이로 자란다는 뜻은 아닙니다. 겁이 날 때 부모에게 돌아오면 안전할 것이라는 믿음을 갖고 있기 때문에 새로운 상황에서 받는 스트레스에 더 강하다는 의미입니다. 안정적인 애착은 사회적 유능성 발달의 초석이 됩니다. 제일 처음 맺는 관계인 부모와의 관계를 성공적으로 맺은 아이는 이 능력을 더 큰 사회에서 사용할 수 있습니다. 학교나 이웃에서 만나는 어른들, 또래 친구들과 관계를 더 잘 맺게 되죠.

아기가 울면 안아주세요. 아기와 눈이 마주치면 웃어주고 말을 걸어주세요. 안아주고, 달래주고, 불편을 해결해준다고 해서 버릇없는 아이가 되진 않습니다. 세상을 편안하고 좋은 곳으로 인식하도록 돌봐주세요. 이것이 이후의 훈육 필요성을 낮추고 훈육 성공률을 높이는 열쇠입니다. 아이가 태어나 맨 처음 쌓은 신뢰는 앞으로 아이가 세상을 살아가는 데 큰 힘이 되어줍니다.

1~2세

일상생활과 자유로운 움직임으로 가르치기

가장 까다로운 훈육의 시기는 아마도 만 1~2세가 아닐까 해요. 아이가 걷기 시작하면서 활동성이 증가하고, 세상에 대한 호기심과 자신에 대한 믿음이 폭발하면서 하고 싶은 것이 많아지지요. 그런데 아직 뒤뚱뒤뚱 걸어다니다 넘어지기 일쑤이고, 먹을 수 있는 것과 먹을 수 없는 것도 구분하지 못하는 데다가, 제대로 말이 통하지 않습니다. 말도 안 되는 것을 요구하며 떼를 쓰거나, 수가 틀리면 드러누워 울기도 하죠. 그러다 보니 이 나이대의 아이를 키우는 부모님들은 "안 돼! 그만! 지지! 위험해!"를 입에 달고 삽니다. 미국에서는 'terrible two(무시무시한 두 살)'라고 부르고, 한국에서는 '미운 세 살'이라고 부르는 시기입니다.

탐색으로
이해력 키우기

이 시기의 아이들은 어른이 보기에 말도 안 되는 일로 떼를 쓰거나 엉엉 울곤 합니다. 저희 아들은 투명한 빨대컵에 사과 주스를 담아 먹으며 한 모금 주스를 마실 때마다 소중한 주스가 줄어드는 것을 보며 엉엉 울곤 했는데요. 인스타그램을 통해 이 시기의 아이들이 어떤 이유로 울었는지 사연을 모집해보았습니다. 몇 가지 이야기를 들어볼까요?

- 밥을 다 먹었길래 더 담아주려고 그릇을 들고 부엌으로 가자 빼앗아가는 줄 알고 오열
- 샌드위치를 만들어주었더니 '빵을 붙였다'며 오열, 그래서 떼어줬더니 '망가졌다'며 오열
- 울 때 눈물이 흐르자 '물이 나온다'며 오열
- 눈물을 닦아주자 '내 눈물 뺏어간다'며 오열
- 안경 쓰던 엄마가 자려고 안경을 벗으니 다시 쓰라고 오열
- 돌잔치 하는 날 엄마가 예쁘게 화장하고 나타나자 엄마 없어졌다고 오열
- 안 자겠다고 버티다 스르르 잠들었는데 아침에 일어나서 잔 것이 억울해서 오열

왜 이러는 걸까요? 부모님들은 이 아이들을 달래야 할지, 아니면 고집 부리지 말라고 훈육을 해야 할지 고민합니다. 너무 쉽게 화를 내는 것 같아 걱정, 너무 쉽게 상처받는 것 같아 걱정, 감정 조절을 못 하는 것 같아 걱정입니다.

전혀 걱정할 필요가 없습니다. 지극히 정상입니다. 그저 아이가 세상의 이치를 아직 몰라서 그렇습니다. 아이가 세상의 이치를 깨달아 갈수록 아이는 더 이상 주스가 줄어든다거나, 엄마가 내 눈물을 빼앗아간다는 이유로 울지 않게 됩니다. 우리의 사연들은 모두 추억이 됩니다.

의사결정 능력을 높이는 훈육법으로 이해력을 키워야 한다는 말씀을 드렸지요. 지금부터 시작입니다. 아이가 걸어다니기 시작하는 1세부터 아이의 세상은 넓어집니다. 하루 종일 여기저기 다니며 구멍도 쑤셔보고, 서랍도 뒤져보곤 하지요. 이때 아이가 주변 환경을 탐색하고 경험하는 것은 아이의 이해력의 바탕이 됩니다. 물 쏟기에 심취한 아이는 실컷 쏟아보면 더 이상 쏟아진 물을 다시 담아내라고 우기지 않게 됩니다. 안경 쓴 엄마와 안경을 벗은 엄마를 계속 보다 보면 같은 사람이라는 것도 받아들이게 되죠.

아이는 스스로 필요한 능력을 발달시키는 중입니다. 경험치가 쌓이면 자연의 섭리를 알게 될 것입니다. 그러기 위해서는 마음껏 쏟아보는 경험이 중요하겠지요? 욕조 안에 물을 받아 아이를 들여보내고, 여러 크기의 컵을 주세요. 그리고 아이가 이치를 깨닫도록 두시면 됩니다.

아이를 집안일에 초대하기

이 시기의 부모는 아이와 무엇을 하고 놀아줄까 고민합니다. 영유아를 위한 교육 시장은 날로 커져서 이제는 0세를 위한 장난감과 교구도 그 숫자가 어마어마합니다. 뇌를 자극해서 발달시켜야 한다고 부모를 유혹하지요. 아이는 태어난 지 얼마 되지 않았는데 집 안은 아기 물건으로 가득차게 됩니다. 그런데 정작 아이가 관심 있는 것은 무엇인가요? 자동차 키, TV 리모콘이나 엄마의 화장품입니다. 아이들이 가장 알고 싶어 하는 것은 바로 부모가 하는 행동이기 때문입니다.

아이들은 가족과 함께하고 싶다는 강력한 동기를 갖고 있습니다. 그것이 무엇이든지요. 1~2세의 아이는 이제 자신의 능력을 믿고 적극적으로 집안 대소사에 뛰어듭니다. 하버드대학교의 와르네켄 박사는 '어린아이들은 이기적'이라는 기존의 생각에 반대하며 아주 어린 아이들도(약 14개월 이후) 다른 사람을 돕거나 위로하는 행동을 시작한다고 이야기했습니다.

이 시기 아이들에게 중요한 것은 "내가 할래!"입니다. 이에 대한 부모의 반응은 대개 "안 돼. 이건 네 일이 아니야. 저기 가서 놀고 있어!"이지요. 아이가 끼어들면 시간이 더 오래 걸리고, 정신이 없으니까요. 하지만 지금부터 아이를 어른의 삶에 초대하는 것이 제일 좋은 훈육의 시작입니다. 집안일을 함께하며 아이는 자신도 엄마, 아빠와 똑같이 집안의 일원임을 알게 되고, 우리 가족을 위해 기여하는 법을 배움니다. 밥 말고 간식을 달라고 떼쓰는 아이가 아니라, 가족을 위해 그릇 정리를 돕는 아이가 되는 것이죠.

부모가 무엇을 하는지 보여주세요. 서하가 어릴 때 우리가 제일 즐겨하던 놀이는 '손수건 개기'였습니다. 세탁기에 새로운 빨래를 넣을 때는 한 팔로 아이를 안고 보여줬습니다. 아이의 손을 잡고 버튼을 함께 눌렀고요. 깨끗하게 빨아서 말린 아기용 가제 손수건을 쌓아두고 서하를 부르면, 아이는 수건을 한 장씩 뽑으며 놀았습니다. 조금 크고 난 뒤로는 수건을 엄마에게 한 장씩 건네주기도 했습니다. 물론 도로 빼앗아간 적도 많았지만요.

수건을 접으며 아이에게 "이렇게 반 접고, 또 이렇게 반 접는 거야" 하고 말해줬습니다. 처음에는 접어놓은 걸 탈탈 털어 펼쳐놓거나 쌓아놓은 수건을 무너뜨리기 일쑤였죠. 그래도 괜찮습니다. 손수건을 빨리 접어서 무엇하나요? 어차피 이 시간은 아이랑 놀아주어야 하는 시간입니다.

접은 손수건을 들고 "방에 가자" 하고 말하면 서하는 빨간색 푸쉬카에 앉았습니다. 서하가 제가 전해준 손수건들을 받아들면 저는 푸쉬카를 밀고 방으로 향했습니다. 수건을 넣는 선반 앞에 도착하면 서하는 제게 들고 있던 수건을 건네주었죠. 수건을 선반에 정리해 넣은 다음 우리는 다시 거실로 돌아와 다음 빨래들을 해치웠어요. 서하는 양말 더미에서 같은 양말을 두 개씩 찾아 짝을 맞추거나, 엄마 옷과 아기 옷을 구분해놓기도 했습니다. 이렇게 매일 함께하니 서하는 1년 뒤쯤 제법 빨래를 개는 시늉을 했습니다. 매일매일의 삶이 어떻게 돌아가는지 규칙을 배우고 자신의 몫을 하는 법을 배우게 된 것이죠.

온종일 아이와 장난감을 펼쳐놓고 놀아주느라 진을 빼고, 아이를 재우면 또다시 집안일을 하느라 잠을 줄이는 부모님들께 꼭 이 방법을 알려주고 싶었어요. 아이를 부모의 삶으로 초대하세요. 옷 갈아입는 것을 보여주고, 아이와 함께 옷을 빨래통에 넣으세요. 기저귀를 갈면 쓰레기통에 넣으라고 가르치세요. 쓰레기통에 "덩크!" 하고 돌아오면 하이파이브를 하면 됩니다. 슈퍼에 가서 과자를 사면 아이가 직접 들고 오도록 하세요. 오는 길에 만나는 이웃들에게 인사하고 담소를 나누며 아이를 소개하세요. 아이들은 우리 세상의 일원입니다.

더 많이, 즐겁게 움직이도록 돕기

아이들은 끊임없이 움직입니다. 하지만 아직 자신의 행동이 얼마나 안전한가를 판단할 정도로 성숙하지는 않습니다. 부모는 아이들을 쫓아다니며 말리기 바쁘지요. 이것이 1~2세 아이를 키우는 부모들이 가장 많이 하는, 가장 큰 실수입니다. 아이들의 움직임을 제한하면 안 됩니다. 마음껏 움직이고 세상을 탐험하는 것이 이 시기의 아이들에게 필수적입니다. 많이 돌아다니는 아이의 몸이 튼튼하게 자라고, 많이 경험하는 아이의 뇌가 똑똑하게 자랍니다. 아이의 움직임을 막기 위한 훈육이 아니라 안전한 방향으로 움직일 수 있도록 도와주는 훈육을 하세요.

아직은 아이에게 길게 설명하며 행동을 알려주기는 조금 어렵습니다. 아이가 어려운 말이나 많은 정보를 한번에 소화하기 어렵기도 하고, 알아들었다고 해도 바로 행동으로 옮길 수 있을 만큼 크지 않았거든요. 1~2세 아이들의 훈육에는 말보다는 몸이 더 효과적입니다. 언어적 지시는 짧고 간결하게 하세요. 그리고 직접 아이에게 다가가 원하는 행동을 보여주고, 아이 혼자서 하기 어려운 행동은 도와주는 것이 좋습니다. 아이가 할 수 없는 행동은 아무리 지시해봐야 소용이 없다는 것을 잊지 마세요.

아이가 차도 가까이에서 공놀이를 하거나, 주차장에서 뛰어가는 등 위험한 행동을 할 때는 멀리서 아이 이름을 계속 부르기보다는 달려가서 아이를 세우고, 손을 잡고 안전한 공간으로 돌아오세요. "차도에서 공놀이 하면 안 돼"라고 금지만 하지 말고 "공놀이는 운동장에서 하자" 하고 아이가 원하는 일을 할 수 있는 방향을 알려주는 것이 더 효과적입니다.

이 시기 아이들은 높은 곳에 기어오르기를 좋아하지만 아직 자신의 능력을 잘 평가하지 못합니다. 매달리고 기어오르는 동작은 중요한 신체 능력으로 연습하는 것이 좋아요. 무조건 막기보다는 안전한 상황에서만 하도록 알려주세요. "아빠가 뒤에 있을 때만 올라가는 거야" 혹은 "더 이상 가면 엄마 손이 안 닿아. 여기까지"라고 분명한 한계를 정해줍니다.

기어올라간 아이가 내려달라고 부르면 그때마다 안아서 내려주기보다는 스스로 내려오도록 알려주세요. 대개 혼자 기어올라간 곳은 혼자 내려올 수 있습니다. 반대로 움직이기만 하면 되니까요. 만약 혼자 내려오지 못한다면 거기는 올라가지 말라고 알려주세요. 이 과정에서 아이는 자기가 혼자 오르내릴 수 있는 범위를 알게 되고, 부모 눈을 피해 높이 올라갔다가 다치는 사고를 막을 수 있게 됩니다.

모호한 말을 피하세요. 똑바로 앉기, 조용하게 말하기, 사이좋게 지내기 등의 표현은 아이들이 알아듣기 어렵습니다. 원하는 수준의 행동을 보여주고 따라하도록 유도하세요.

식사 시간에 돌아다니는 아이에게는 "앉아"라고 명령하기보다는 다른 가족들이 식탁에 앉아 즐겁게 웃으며 식사하는 모습을 보여주는 것이 더 효과적입니다. 아이들은 언제나 어른 사이에 끼고 싶어 한다는 것을 잊지 마세요.

좋은 선택을 했을 때 웃어주세요. 많은 부모님들이 놓치는 부분입니다. 훈육은 '잘못된 행동을 벌하는 것'이라고 생각한 나머지 잘못했을 때만 혼을 내고, 정작 좋은 행동에는 많은 관심을 보이지 않죠. 잘했을 때 칭찬하고 웃어주어야 이 행동에 좋은 결과가 온다는 것을 배웁니다. 아이가 식탁에 앉았다면 그 순간에 웃으며 반갑게 맞이해주세요. 아이가 또 자리를 떠나려 한다면 "답답해? 점프 세 번 하고 다시 앉을까? 기지개도 한번 쭉 켜고!"라고 말해보세요. 아이는 꼬물대는 것이 정상입니다. 점프하고 다시 앉으면 또 웃어주면 됩니다.

어린아이들에게 메시지를 전달할 수 있는 강력한 방법은 바로 노래입니다. 많은 어린이집이나 유치원이 이미 사용하는 방법이죠. 양치 노래나 정리 노래 등을 검색해보세요. 많은 노래들이 나와 있습니다. 적당한 노래가 없어도 괜찮아요. 현관문에서 손을 잡고 자동차까지 걸어갈 때는 〈앞으로〉 노래를 부르며 행진해보세요. 천천히 부르거나 빨리 부르며 적당한 걷기 속도를 조절할 수 있습니다.

분노 발작에 대응하기

분노 발작이란 어린아이가 자기 뜻대로 하지 못할 때 자지러지게 울거나 폭발적으로 표현하는 분노 반응을 말해요. 이 시기의 아이들은 하고 싶은 것은 많지만 자신의 뜻대로 하기에는 미숙하고, 안전의 경계를 잘 모르기 때문에 원하는 것을 저지당할 때도 많습니다. 그렇게 겪는 좌절감은 아이가 소화하기엔 너무 크고, 말로 표현하기도 어렵기에 분노 발작이 됩니다.

유아기 아이가 소리를 지르거나 울고불고 하는 것은 나쁜 의도는 아닙니다. 부모에게 반항하거나 공격성을 표출하기 위해 하는 것이 아니에요. 자신의 감정을 감당하기 어려워서 나오는 행동입니다. 그렇기 때문에 아이가 분노 발작을 보일 때는 왜 그러냐고 추궁하거나, 하지 말라고 혼내는 것은 옳은 방향이 아닙니다. 아이가 원해서 하는 행동도, 의지로 조절할 수 있는 행동도 아니거든요.

부모가 아이의 분노 발작에 너무 민감하게 반응하거나, 달래기 위해 아이의 요구를 들어주면 더 심해집니다. 부모가 때리거나 소리를 지르면 아이는 오히려 그 행동을 따라 합니다. 이 시기의 아이들이 모방을 통해 잘 배운다는 사실을 잊지 마세요.

아이에게 차분하게 대응하며 진정하도록 기다려주세요. 물건을 던지거나 사람을 때리면 살짝 손을 잡거나, 아이가 발버둥을 치면 뒤에서 평소보다 조금 더 강하게 안아주세요. 부모의 품에 안겨 있으면서 동시에 약간의 압박을 느끼면 아이가 진정하는 데 도움이 됩니다. 그리고 해야 할 말이 있다면 아주 짧게 하고(예: 장난감은 던지지 말고 내려놓자) 다른 방향으로 주의를 돌려주세요(예: 엄마랑 소파에 앉아서 소방차 책 볼까?) .

감당하기 어려울 만큼 아이의 분노 발작이 커지면 아이를 안아서 자리를 옮겨주세요. 조용하고 다른 요인에 방해받지 않는 곳으로 가는 거예요. 미리 장소를 정해두면 좋습니다. 장난감이 없는 거실 한 켠이나 안방의 침대 위, 복도의 구석에 방석을 두고 아이를 앉혀주세요. 이것은 소위 '타임아웃'이라고 불리는 처벌은 아닙니다. 방해받지 않고 아이가 평화를 찾을 시간과 공간을 주는 것이지요. 아이가 껴안을 인형이나 담요를 주거나, 차분한 음악을 틀어도 좋아요. 부모가 아이를 자극하는 것 같다면 안전하다는 가정 하에 부모도 잠시 자리를 피해도 됩니다.

"3분 동안 거기 서 있어!"라고 하지 말고 "진정이 되면 엄마한테 와"라고 알려주세요. 아이의 분노 발작은 대개 만 3~4세가 되면 줄어듭니다. 인지 발달을 통해 조금씩 세상을 이해하게 되고, 신체가 발달하며 스스로 이룰 수 있는 것들이 많아지고, 언어가 발달하면서 자신의 의사를 표현할 수 있게 되면 차츰 사그라들어요. 만약 만 4세 이후에도 분노 발작이 나아지지 않고 점점 나빠진다면 소아과 의사와 한번 상의해보세요.

유하는 대체적으로 잘 자는 아이였지만 유독 잠에 들지 못하고 속을 썩이는 밤들이 있었습니다. 아이는 자꾸 굴러다니고, 발로 이불을 차고, 계속 놀자고 했죠. 그러다 더 피곤해지면 울다 잠들거나 자다가 깨어 소리를 지르거나 짜증을 부리기도 했습니다. 노는 시간이 끝났으니 빨리 자라며 우는 아이를 방에 두고 나온 적도 있었지요.

나중에 알고 보니 아이에게 아토피가 있었더군요. 잘 맞지 않는 음식을 먹은 날이면 등과 다리가 가려워 잠들지 못한 것이었습니다. 부모가 한눈에 알아볼 만큼 증상이 심하지도 않았고, 아이가 "가려워서 못 자겠어"라고 말하기엔 너무 어렸던 것이지요. 식단을 관리하고, 가려울 때는 약을 먹으니 울며 잠 못드는 밤은 거의 사라졌습니다. 진작에 알았다면 좋았을 텐데. 지금도 미안하게 생각하는 점입니다.

아이는 아직 어려요. 돌봄이 필요한 나이입니다. 아이를 따뜻한 시선으로 관찰해보세요. 아마도 아이의 분노 발작을 더 키우는 요소들을 발견할 수 있을 거예요. 우선 유혹을 줄여주세요. 아이들의 호기심은 본능입니다. 아이들은 열어보고 눌러보고 입에 넣어보고 싶습니다. 입에 넣었을 때 위험한 물건은 손에 닿지 않는 곳에 보관하세요. 아이에게 무언가를 제한하기로 결정했다면 가급적 끝까지 제한하세요. 이랬다 저랬다 하면 아이는 더 유혹을 참기 힘들어요. 둘째로 아이의 컨디션을 살펴주세요. 졸린 아이를 데리고 마트에 가는 것은 하지 않는 편이 좋습니다. 배고픈 아이도 마찬가지입니다. 피곤하고 아플 때는 쉴 수 있도록 해주세요. 이유없이 떼와 짜증이 늘었다면 불편한 곳이 없는지 살펴주세요. 몸이 편안한 아이가 더 잘 협조합니다. 아이를 따뜻하게 보살피면 아이는 더 좋은 행동을 하게 됩니다.

3~5세

스스로 선택하고 조절하는 법 가르치기

짧게 보면 미취학까지, 좀 더 길게 초등학교 저학년까지는 뇌가 빠르게 성장하는 기간입니다. 이 시기에는 아이들이 잘 먹고, 잘 자며 안전하고 건강하게 자라는 것이 중요하고 아이의 발달 단계에 맞는 충분한 놀이와 경험의 기회가 주어져야 합니다. 좀 더 구체적으로 살펴볼까요?

뇌는 필요할 것으로 예상되는 구조들을 최대한 많이 만들어두었다가 이후 더 간결하게 구조를 정리하는 방향으로 발달합니다. 엄마 배 속부터 생후 2년까지를 뇌 발달의 황금기라고 부릅니다. 처음 2년은 아이의 뇌가 빠른 속도로 커지다가 만 3세에 접어들면 그 속도가 줄어듭니다. 만 3~5세는 대부분 만들어둔 큼지막한 기본 구조를 바탕으로 뉴런과 뉴런 사이의 연결을 강화하고 새로운 연결을 만들어냅니다. 이때 뇌에는 '경험'이 중요합니다. 뇌가 외부 환경에서 제공하는 자극에 맞추어 변화하기 때문입니다. 이것을 신경 가소성이라고 부릅니다.

여기서 말하는 자극은 어려서부터 수학 수업이나 과학 실험을 접해야 한다는 의미는 아니에요. 매일 새로운 장소에 가야 한다는 뜻도 아니고요. 눈, 코, 입, 귀, 피부 등의 감각 기관을 통해 입력되는 자극과 자신의 내부에서 벌어지는 변화를 이야기합니다. 자주 주어지는 자극은 그 자극을 처리하는 데 필요한 뉴런들이 함께 발화되도록 합니다. 자주 함께 발화되는 뉴런들은 시냅스 연결이 강화됩니다. 많은 수의 뉴런이 강한 연결을 갖게 되면 회로, 혹은 네트워크가 형성됩니다. 한 기능을 담당하는 뉴런들의 팀이 구성되는 것입니다.

시냅스는 강화되기도 하고 약화되기도 합니다. 처음에는 서로 연결되었지만 더 이상 함께 사용하지 않는 뉴런들은 시냅스 연결이 약해지거나 사라져요. 이것은 가지치기라고 부릅니다. 뇌가 수많은 뉴런과 가지들을 유지하려면 과도한 에너지를 쓰게 되거든요. 따라서 더 효율적으로 일하기 위해 많이 쓰는 것은 더 튼튼하게 가꾸고, 잘 쓰지 않는 것은 없애는 선택을 하는 것이죠. '경험에 근거한 학습'의 시작입니다. 이제부터는 무엇을 경험하는가가 이 아이의 뇌를 결정하게 될 거예요.

만 3세가 지나면 우리 아이가 부쩍 컸다는 것을 느끼실 거예요. 일단 키도 훌쩍 컸고요. 말도 점점 잘해서 그럴싸한 대화도 가능하고, 유치원에서 배운 노래와 율동도 선보입니다. 기저귀와 낮잠을 졸업

하고, 집에 들어오면 손을 씻어야 한다는 것도 알고, 놀이터에서 친구도 사귀며 '어린이'가 되어갑니다. 이 시기의 아이들은 정말 멋집니다. 세상을 배우는 데 누구보다 뜨거운 열정을 갖고 있고 모험심과 실험 정신으로 무장되어 있습니다. 뇌는 성장을 위해 세상의 자극이 필요하다는 사실을 스스로 알고 있기 때문입니다. 따라서 뇌 발달을 위해 꼭 필요한 것은 아이에게 세상을 탐구할 기회를 주는 것입니다.

아이가 잘 자라기 위해 필요한 것은 무엇일까요? 자기결정 동기이론에서는 인간의 세 가지 욕구인 자율성, 성취감(혹은 유능감), 연결감(혹은 관계성)이 충족될 때 인간은 삶에 만족하고 긍정적 정서를 느끼며, 좋은 행동을 하기 위한 동기가 촉진된다고 이야기했어요. 그리고 이러한 욕구들이 충족되지 않으면 심리적 건강에 문제가 생기고, 인생을 끌고 나갈 동기가 부족해진다고 합니다.

세 가지 욕구를 자세히 살펴볼게요.

- **자율성**: 행동을 시작, 유지, 조절, 중단할 때 자기 자신이 독립적으로 결정하고자 한다.
- **성취감**: 주어진 환경에서 자신의 능력을 발휘하고 원하는 목표를 달성하고자 한다.
- **연결감**: 다른 사람과의 관계를 만들고 안정적으로 유지하고자 한다.

뇌 발달의 측면에서 살펴보아도 이 세 가지는 중요한 역할을 합니다. 자율적으로 결정해보는 기회를 갖고 목표를 성취해보는 경험은 뇌의 동기 시스템과 행동을 조절하는 기능에 필수적입니다. 아이들이 다른 사람과 가까운 관계를 맺는 것 역시 정서적 안정과 정신 건강을 지원하여 뇌를 건강하게 만들고, 교류를 통해 사회적 뇌를 발달시킵니다.

아이들의 뇌 발달을 위해 반드시 가르쳐주어야 할 것들을 훈육의 의미에서 살펴봅시다.

자율성

스스로 선택하고 결과 경험하기

아이가 조금 자라서 이제 육아가 좀 편해지려니 생각했는데 갈수록 신세계를 마주하는 느낌인 부모님들도 계실 거예요. 전에는 울거나 짜증내는 것을 달래주고, 쫓아다니며 잡아오기만 하면 됐는데, 이제는 본인이 하고 싶은 것을 말로 딱 부러지게 표현하고 고집을 피우니 난감할 때가 많습니다. 아이의 뇌가 자랄수록 아이는 스스로 하고 싶은 것이 많아지고, 또 할 수 있는 것도 많아지는 게 당연합니다.

이 시기의 아이들에게는 자율성의 획득이 매우 중요한 과제입니다. 그렇기 때문에 아이들은 제멋대로 행동하는 것처럼 보일 때도 많습니다. 발달적으로 자연스러운 모습입니다. 부모는 이 사실을 충분히 이해하고, 안전과 건강을 위협하는 문제가 아닌 이상 아이가 스스로 선택할 수 있는 기회를 많이 주는 것이 중요합니다. 훈육이라는 이

름으로 하는 간섭을 최대한 줄이세요.

만 3세가 지나며 아이들의 뇌는 고등 인지 기능의 발달이 본격적으로 시작됩니다. 뇌에서 제일 마지막에 발달하는 전두엽이 발달하면서 집행 기능(혹은 실행 기능)이라고 부르는 인지적 처리 과정이 발달하기 시작합니다. 여기에는 주의 통제, 인지 및 행동의 억제, 억제의 조절, 작업 기억 등의 인지 과정과 의사결정, 감정과 충동의 조절, 문제 해결, 추론, 목표 설정과 계획 등의 복잡한 처리 능력이 포함됩니다. 물론 이 기능들이 3세 전까지는 전혀 발달하지 않다가 생일이 지나면 갑자기 발달하는 것은 아니고요. 그전에도 발달하고 있었지만 이 무렵부터 눈에 띄게 피어나기 시작한다는 의미입니다. 이제 복잡한 의사결정을 연습할 때가 되었습니다.

'기회는 경험이고, 경험은 발달이다'라는 말 기억하시죠? 아이들이 고등 인지 기능을 발달시키기 위해서 필요한 것은 자주 사용할 기회입니다. 기회가 주어져야 시도를 하고, 시도를 통해 그 결과를 경험하면 어떻게 하는 것이 좋은가를 배우게 됩니다. 어른의 지도나 책으로만 배우기는 어렵습니다. 직접 부딪혀야 하죠.

부모의 보호 하에 아이들은 많은 의사결정을 해보아야 합니다. 그리고 그에 따른 실패를 많이 경험하는 것이 좋습니다. 아이가 정답을 맞추는 것보다 중요한 것은 자신의 행동에 따라오는 결과값이 무엇인지, 이 데이터를 뇌에 축적하는 과정이니까요. 이 경험들이 아이의 뇌에 학습될 때 아이는 자신의 결정이 어떤 결과를 낳을지 점점 정확하게 예측할 수 있게 됩니다.

1~2세 아이는 가까이에서 지켜보며 몸으로 알려주었다면, 이제는 몸의 사용을 조금 줄이고 한 발짝씩 아이의 뒤로 물러날 때입니다. 익숙한 장소에서는 조금 지켜보세요. 아이가 올라갈 만큼 올라가고, 뛸 수 있는 만큼 뛰도록이요. 앞에 건널목이 있다면 "뛰지 마!"라고 외치기보다는 "저 앞에 건널목이 있네?"라고 슬쩍 알려주세요. 아이는 지금까지 배운 것을 토대로 횡단보도에서 잠시 기다릴 수 있을 거예요. 신호가 바뀌자마자 달려나가는 아이에게는 "초록불이 켜지면 OO이가 오른쪽, 왼쪽 살펴보고 안전한지 엄마에게 말해줘"라고 말해보세요. 스스로 판단하는 연습을 많이 할수록 아이는 똑똑해지고, 똑똑해질수록 더 잘 판단하게 됩니다.

문제는 여기에서 발생합니다. 아이의 의사결정 능력을 발달시키기 위해서는 자주 사용할 수 있도록 해야 하는데, 아이의 의사결정 능력이 미숙하다 보니 (어른의 눈에) 제대로 된 결정을 못 할 때가 많다는 것이죠.

추운 날 슈퍼맨이 그려진 반팔 티셔츠를 입고 나가겠다고 우기는 아이의 이야기를 다시 해봅시다. 저는 어지간하면 그냥 아이가 원하는 대로 입고 나가보기를 추천합니다. 추운 바람을 경험해봐야 자신의 선택이 틀렸다는 것을 깨달을 수 있으니까요. 집으로 돌아와 옷을 갈아입는 '불편'을 경험하는 것도 좋아요. 놀 시간이 줄어들면 다음엔 외투를 챙겨야 한다는 생각에 도달할 수 있습니다.

추운 날씨에 놀다가 콧물을 흘리면 약속한 썰매장 나들이가 취소되는 것도 경험해봐야 해요. 그래야 건강을 우선해야 한다는 것을 배울 수 있거든요. "거봐! 엄마 말 안 듣더니 감기 걸렸지. 내가 그럴줄 알았다"라는 핀잔도 굳이 필요하지 않아요. 썰매장에 못 가는 것이 서러워 울고 불고 하면서 이미 충분한 교훈을 얻었기 때문입니다. 오히려 한 발짝 떨어져서 공감해주는 것이 더 유용합니다. "어휴, 썰매장에 못 가서 진짜 속상하겠다. 엄마도 기대했는데 못 가게 되어 속상해. 다음에 기회가 또 있을 거야. 그때는 감기 걸리지 않게 조심하자" 하고 꿀차를 한 잔 타주면 됩니다.

유능감

스스로 판단해 목표 달성하기

자, 이제 본격적으로 좋은 의사결정을 가르칠 거예요. 훈육에서 아이가 얻을 수 있는 가장 큰 보상은 자신의 목표를 이루는 것입니다. 아이가 원하는 것을 이루도록 놔두되, 한계를 정해주세요. 이 시기의 아이들이 가장 원하는 것은 역시 놀이죠. 아침부터 밤까지 언제나 놀고 싶어 합니다. 놀이가 주는 재미는 강렬한 보상으로, 재미를 느낄 때마다 도파민이 분비되어 아이를 적극적으로 배우게 이끌어줍니다. 아이의 뇌 발달에 놀이는 없어서는 안 되는 중요한 요소입니다.

그렇다고 해서 모든 놀이를 다 허용할 수는 없지요. 밤에는 잠을 자야 하고, 아무리 재미있어도 다른 사람을 놀려서는 안 되고, 너무 위험한 놀이를 하면 다칠 수 있다는 것을 가르쳐야 합니다.

한국에 갈 때마다 가슴 졸이게 되는 장면이 있습니다. 바로 안전모를 쓰지 않고 자전거나 스쿠터(킥보드)를 타는 아이들이에요. 보건복지부에 따르면 2018년 기준 어린이(3~11세)의 자전거 안전모 착용률은 17.7%입니다. 응급실 자전거 사고 환자의 40%는 어린이와 청소년이고, 이 중 절반은 머리 부상을 입습니다. 미국의 사고 통계를 보면 자전거 사고의 사망 이유 1순위는 머리 부상이고, 사망자의 97%는 안전모를 쓰지 않은 사람이었습니다. 우리 아이의 뇌가 잘 자라기를 원한다면 수학 교구나 퍼즐보다 안전모를 먼저 사기를 바랍니다. 이미 손상된 뇌를 원래대로 만드는 것이 훨씬 어렵거든요. 아무리 뇌 발달이 활발한 시기라도 말이죠. 일단 안전모는 꼭 씌워주세요.

자, 다시 훈육으로 돌아가봅시다. 부모가 안전모를 씌우려고 해도 아이가 거부하는 경우도 많지요. 어떻게 해야 할까요? 아이가 자전거를 타고 싶다는 마음을 이용하면 됩니다. 안전모를 쓰라고 실랑이하지 말고, 안전모를 쓸지 말지는 아이가 자유롭게 선택하도록 놔두세요. 부모의 역할은 안전모를 쓰지 않으면 자전거를 내어주지 않는 것입니다.

- **명령의 훈육**: "안전모 써!"
- **의사결정의 훈육**: "안전모를 쓸지 말지는 네가 결정하는 거야. 안전모를 쓰면 우리는 자전거를 타러 나갈 것이고, 안전모를 쓰지 않으면 오늘은 자전거를 타지 않는단다. 네가 선택해."

단호함이란 부모가 억지로 아이에게 행동을 강요하는 것이 아니라, 아이의 선택에 따라 정해진 규칙을 흔들림 없이 적용하는 데 있습니다. 안전모를 쓰라고 소리를 높이거나 화를 내지 말고, '안전모를 쓰지 않으면 자전거를 탈 수 없다'는 규칙을 적용하는 것이 부모의 몫입니다. 그다음은 아이가 선택하도록 기다려주세요. 아이가 "안전모를 쓰느니 자전거를 포기하겠다!"고 한들, 그건 부모의 문제가 아닙니다. 아이의 선택이니까요. 여기에서 억지로 선택을 바꾸면 부모는 마음이 편해질지 몰라도 아이는 실패감을 느끼게 됩니다. 그래야 할 필요가 없습니다.

걱정하지 마세요. 어린이날 선물로 받은 번쩍번쩍 새 자전거의 유혹을 이겨내긴 어려우니까요. 처음에는 안전모가 무겁고 불편하겠지만 몇 번 쓰다 보면 익숙해집니다. 아이의 모습이 멋지다고 많이 칭찬해주세요. 어른도 안전모를 착용하여 모범을 보이는 것도 잊지 마시고요.

이 이야기는 실제로 저희 아이들과의 경험입니다. 저희 가족이 즐겨 방문하는 바닷가의 식당이 있습니다. 식당 앞에는 바다와 맞닿은 바위들이 있고요. 아이들은 이 바위를 타고 올라가 놀고 싶어 합니다. 바위의 반대편은 바다입니다. 바위를 타고 놀기 위해서는 두 가지 규칙을 지켜야 합니다.

- 안전모를 쓴다.
- 젖은 바위와 이끼는 밟지 않는다.

이런 복잡한 규칙을 과연 아이들이 놀면서 지킬 수 있을까요?

첫 번째 규칙은 반드시 지켜야 합니다. 안전모를 쓰지 않으면 아예 바위에 오를 수 없습니다. 두 번째 규칙은 최대한 지키지만 가끔 놀다 보면 젖은 곳으로 내려가기도 합니다. 그러면 "어디를 밟고 있는지 봐"라고 알려줍니다. 본인이 너무 내려갔다고 생각하면 바로 올라옵니다. 한번은 안전모 챙기는 것을 잊고 말았습니다. 바위를 타지 못하게 되었지요. 아이들은 당연히 불만이 가득합니다. 그래도 어쩔 수 없죠. 아쉽지만 마음을 달래며 돌아옵니다.

- **이해력을 높이는 훈육**: "안전모 없이 바위를 타다가 사고가 나면 어떻게 될까?"
- **판단력을 높이는 훈육**: "다음에 안전모를 잊지 않으려면 어떻게 해야 할까?"
- **좋은 습관을 만드는 훈육**: 바위를 타기 전에는 안전모를 쓰며 "안전이 우선!"이라고 구호를 외치자.

안전은 육아의 대전제 중 첫 번째입니다. 그런데 정말 안전하게 살기 위해서는 반드시 필요한 능력이 있습니다. 바로 위험을 관리하는 능력입니다. 세상에는 크고 작은 위험이 있습니다. 좋은 대학에 들어가려고 학원을 많이 다니는 것도 사실은 위험한 선택입니다. 학원비를 많이 지불했지만 입시 결과가 나오지 않으면 손해가 막심하니까요. 규칙을 따르는 스포츠를 해도 언제나 부상의 위험은 있습니다. 투자, 저축, 보험과 같은 자산의 운용은 위험성 판단과 관리가 핵심이죠. 즉, 위험은 무조건 피하라고 가르쳐야 하는 것이 아니라 인식하고 관리하도록 가르쳐야 합니다.

훈육은 미래를 위한 것, 부모가 없어도 아이가 스스로 잘 판단하도록 하기 위한 것입니다. 위험을 미리 없애서 안전한 경험만 주기보다는 적절한 위험을 경험하게 해주세요. 처음 보는 놀이기구는 안전 수칙을 알려주고, 안전모나 보호대 같은 장비의 착용법도 알려주세요. 울퉁불퉁한 곳을 걸을 때 매번 손을 잡고 걷기보다는 "아래를 확인하고 걸어" 하고 말해주세요. 넘어지면 스스로 바지를 걷고 피가 나는지 확인하도록 지도하세요. 시도하고 실패하며 신체 능력의 한계치를 깨닫게 해주세요. 위험을 관리할 줄 아는 아이가 더 즐겁게 놀 수 있답니다.

연결감

부모와 한 팀으로 문제 해결하기

매일 아이와 사소한 일을 두고 끊임없이 힘을 겨루느라 진이 빠진다면 무언가 단단히 잘못되었다는 뜻입니다. 부모는 아이를 따라다니며 온종일 지시하고, 아이는 계속 반항합니다. 아이의 반항에 부모는 다시 강요합니다. 화를 내거나 소리를 지릅니다. 이때 '이 기회에 아이의 고집을 꺾어버리겠다'고 마음을 먹는 분들이 있습니다. 부모와 아이의 힘 겨루기가 시작됩니다. 말그대로 누가 더 힘이 센지 싸움을 벌이게 됩니다.

정말 슬픈 사실을 한 가지 알려드릴게요. 여러분이 아이의 고집을 꺾으려고 애를 쓰면 쓸수록 아이는 그만큼 자신이 큰 힘을 갖고 있다는 것을 알게 됩니다. 힘 겨루기를 할수록 아이는 내가 부모를 힘들게 할 수 있고, 부모는 나를 이기기 어려우며, 이런 식으로 내가 원하는 것을 얻어낼 수도 있다는 사실을 깨닫게 되죠.

그런데 더 슬픈 것은 그 과정에서 아이는 두렵고 불안해진다는 것입니다. 왜냐하면 부모는 나를 지켜주고 보호해주는 대상이어야 하는데 부모와 적이 된다면 나를 지켜줄 사람은 없다는 뜻이니까요. 아이는 '내가 이렇게 하면 엄마, 아빠를 이길 수 있을까?'라는 시험을 해보기 위해 더 반항하기도 하지만 동시에 '내가 이렇게 엉망으로 행동해도 엄마, 아빠는 나를 사랑하고 보호해줄까?'라는 생각을 하며 두려움에 떨게 됩니다.

아이와 싸움을 하는 것은 언제나 실패합니다. 부모가 이기면 아이에게 상처를 주고, 반대로 부모가 지면 권위를 잃어버립니다. 아이가 이기면 아이는 보호자를 잃어버려 두려움을 느끼고, 반대로 아이가 지면 굴욕을 느낍니다.

좋은 훈육은 아이와 힘을 겨루지 않습니다. 힘 겨루기보다 훨씬 효과적인 방법이 있으니까요. 바로 아이와 한 팀이 되는 것입니다. 아이들에게는 가족과 함께하고 싶다는 동기가 있다고 말씀드렸지요? 어딘가에 소속되어 있고, 누군가와 연결되어 있다는 인식은 사람을 열심히 노력하게 만들어요.

아이는 아직 어리기 때문에 어떤 행동을 해야 한다는 사실을 배워도 바로 잘 실천하기는 어렵습니다. 아무리 말해도 아이가 제대로 따르지 않는다면 '내가 요구하는 것이 과연 합리적인가'를 고민해보세요. 내 말을 안 듣는 것이 아니라 아직 할 수 없는 것일 가능성이 높습니다. 발달적으로 준비되지 않은 행동은 아무리 지시해도 소용이 없습니다. 옆에서 도와주는 사람이 필요합니다.

이 시기의 아이들은 자기 조절 능력이 피어나기 시작합니다. 자기 조절 능력이란 충동이나 감정, 생각, 그에 따른 행동을 조절하는 능력입니다. 2세까지는 전혀 못하다가 3세부터 발달이 시작되는 것은 아니고요. 또한 발달하기 시작했다고 해서 지금 바로 잘할 수 있다는 의미도 아닙니다. 조절 능력에 중요한 전두엽의 발달은 성인기인 20대까지도 쭉 이어지거든요. 나의 20대 초반을 생각해보세요. 지금의 나에 비해 열정적이고 충동적이었을 것입니다. 아직 아이들의 조절 능력은 갈 길이 멀지요.

아이들에게 가끔은 참아야 할 때, 기다려야 할 때가 있다는 것을 알려주는 것은 중요합니다. 훈육을 통해 규칙을 따르도록 단호하게 대처해야 하기도 하고요. 하지만 아이가 완벽하게 하기를 바라는 것은 무리입니다. 아빠가 설거지를 하는 동안 아이가 책을 들고 와 읽어달라고 요청합니다. "아빠는 설거지하는 중이야. 이따가 읽어줄게"라고 대답하고 아이를 돌려보냅니다. 아이는 분명 말을 알아들었을 거예요. 하지만 2분만 지나면 다시 쪼르르 달려옵니다.

"아빠, 이제 읽어줘!"

참는 것은 쉽지 않습니다. 누구나 그래요. 아이들이 성공적으로 충동을 조절하기 위해서는 기다리라는 명령이 아니라 기다릴 수 있는 능력과 전략이 필요합니다. 아빠가 일을 마치고 나에게 책을 읽어줄 수 있을 때까지 기다리려면 그동안 혼자서도 잘 놀 수 있어야 합니다.

아이가 식당에서 소란스러울 때, 기다리는 동안 지겹다고 짜증낼 때, 동생이랑 투닥투닥 다툴 때, 부모가 집안일하는 동안이나 출근 준비하는 동안 계속 놀아달라고 떼를 쓸 때 부모가 쉽게 쓸 수 있는 전략은 바로 미디어입니다. 재미있는 만화영화를 틀어주거나 게임을 시켜준다고 하면 아이는 조용해지고 더 이상 조르지 않습니다. 나를 귀찮게 만드는 아이에게서 벗어나는 가장 빠르고 쉬운 해결책이죠. 하지만 미디어에는 없는 것이 있습니다. 바로 아이가 자신의 능력을 끊임없이 시험해볼 기회입니다.

능력이 발달하기 위해 필요한 것은 기회입니다. 기회는 곧 경험이고, 경험이 발달이니까요. 지금 기다리지 못하기 때문에 아이에게 기다릴 기회를 더 많이 주어야 합니다. 그리고 어떻게 하면 지루함을 이겨낼 수 있을지를 찾아보아야 합니다. 그 경험을 통해 아이들의 인내심이 발달하고, 지루함을 즐거움으로 전환시킬 창의력이 싹트게 됩니다. 조절의 전략을 가진 아이들이 기다릴 수 있고, 참을 수 있어요. 처음에는 이것을 함께 마련해주세요.

아이가 집 안에서 혼자 놀 수 있는 환경을 만들어주세요. 부모가 감시하지 않아도 안전한 공간, 부모의 도움 없이 꺼낼 수 있는 장난감, 부모가 일하는 동안 곁에서 놀 수 있는 기회 등 아이가 좋아하는 놀이를 언제든 시작할 수 있는 준비가 되어 있다면 아이 혼자 기다릴 수 있는 시간이 늘어납니다.

마트에 갈 때는 간단한 미션을 주세요. "사과를 세 개 골라 봐. 크고 상처가 없는 것으로"라고 알려주면 숫자 공부가 저절로 됩니다. 숫자와 글을 읽을 수 있는 아이라면 사야 할 물건의 리스트를 적어서 아이에게 맡기고 빠진 물건이 없는지 체크하도록 시킬 수 있어요.

식당이나 병원 대기실 등에서 할 수 있는 간단한 게임을 알려주세요. 가위바위보, 묵찌빠, 젓가락 게임이나 제로 게임 같은 손가락 게임은 언제 어디서나 할 수 있어요. 종이에 그리면서 하는 오목이나 땅따먹기도 재미있어요. 스무고개나 수수께끼 같은 말 놀이는 아이의 언어 능력 발달에도 큰 도움이 됩니다.

부모님들이 "안 돼! 기다려!" 하고 말하는 것만을 훈육으로 생각하지 말고, 조금 더 넓은 시야로 아이들의 행동을 바라보면 좋겠어요. 하나씩 자기 조절의 전략을 배운 아이는 차츰 부모의 도움 없이도 다양한 전략을 쓸 수 있을 거예요. 아이가 직접 좋은 생각을 떠올리기도 하고요. 문제를 두고 아이와 싸우기보다는 아이와 함께 해결책을 찾아나가는 것이 훈육에 성공하는 길이고, 부모로서 해야 할 일입니다.

✦아동기

원하는 것을 이루는 똑똑한 아이로 키워라

뇌의 효율성이 높아지는 결정적 시기

영유아기가 뇌 발달에 중요한 시기라는 점은 많이 알려져 있기도 하고, 이 시기에 아이들의 행동이 눈에 띄게 바뀌기 때문에 많은 부모님들이 발달이라는 주제에 관심이 많습니다. 제가 만드는 뇌과학 콘텐츠를 가장 많이 소비하는 층은 영유아 자녀를 둔 부모입니다. 아이가 초등학교에 입학하면 부모들의 관심사는 조금 달라집니다. 발달보다는 학업, 교우 관계, 학교생활, 진로 등에 대해 더 많이 고민하게 되죠. 아동기 뇌 발달은 유아기와 사춘기에 밀려 비인기 종목입니다.

알고 보면 초등학생 아이들의 뇌도 열심히 발달 중입니다. 뇌의 겉 부분을 회백질이라고 부르는데, 이곳에는 정보를 처리하는 뇌세포들의 몸통(뉴런의 세포체)이 모여 있습니다. 연구마다 회백질의 부피가 가장 큰 시점을 조금씩 다르게 예측하지만, 2022년 〈네이처〉 지에 발표된 대규모 연구에 따르면 회백질의 부피가 가장 큰 시점은 약 5.9세라고 합니다. 이 연구는 태아부터 100세 이상까지의 사람들 10만 명 이상의 데이터를 모아 분석했는데요. 회백질은 만 6세 즈음을 기점으로 가장 부피가 컸다가, 차츰 부피가 감소합니다.

뇌의 안쪽 부분은 백질이라고 부르는데, 이곳은 뇌세포들을 서로 연결하는 통신망이라고 생각하면 됩니다. 백질이 하얗게 보이는 이유는 이 통신망을 감싸고 있는 미엘린이라는 물질 때문인데요, 마치 전선을 감싸는 피복처럼 미엘린이 뇌세포들의 연결을 보호하고 정보 전달 속도를 빠르게 만들어줍니다. 백질의 부피는 성인 초기인 28.7세까지 증가하여 최고점을 기록합니다. 이 연구 결과도 이전 연구들과는 결과가 다르지만 최신 연구이고, 많은 참가자를 분석했기에 소개했습니다. 10년 뒤면 또다른 결과가 발표될 가능성도 얼마든지 있습니다.

6~11세, 즉 유아기 이후부터 사춘기 이전까지는 회백질이 조금씩 감소하고 백질은 점점 커지는 시기입니다. 불필요한 부분은 쳐내고 자주 쓰는 부분은 더 빠르게 일하도록 강화한다는 의미입니다. 뇌가 더욱 효율적으로 일할 준비를 하는 것이죠.

아이는 제법 컸지만 아직 서툰 부분이 많습니다. 모국어를 대부분 알아듣지만 길고 복잡한 말을 이해하거나 자신의 생각을 명료하게 표현하지는 못합니다. 학교의 규칙은 대부분 지키지만 친구들의 마음을 이해하고 주도적으로 갈등을 해결하는 일은 쉽지 않습니다. 즉, 기본 기능은 갖추었지만 이를 세련되게 사용하기는 아직 어렵습니다.

뇌의 회백질과 백질

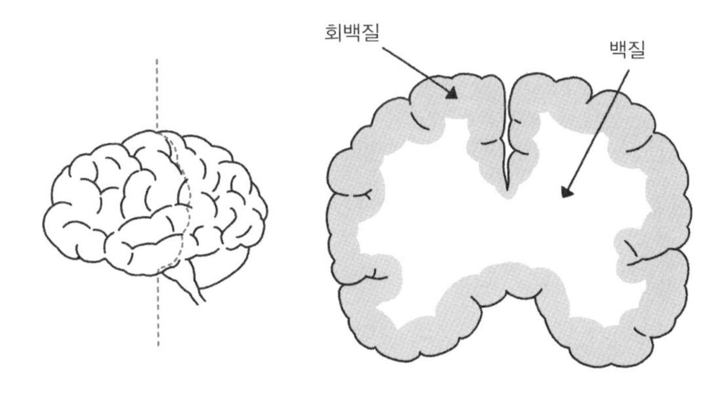

지금부터 이 능력들을 갈고닦으면 아이의 뇌는 점점 효율적으로 일하게 됩니다. 실수도 점점 줄어들고, 이해력과 판단력이 발달하며, 더 나은 의사결정자가 됩니다. 그래서 청소년기가 찾아오면 아이와 어른의 중간 모습으로 자신의 길을 찾아나갈 준비를 하게 되지요. 신나는 일이 아닐 수 없습니다. 좋은 선택을 하는 아이로 키우기 위해 이 시기 아이들의 뇌에 필요한 세 가지를 소개합니다.

- **자기 주도성**: 목표를 설정하고 이를 달성하기 위해 노력하는 능력
- **비판적 사고력**: 정보를 분석하고 평가하는 능력. 신뢰할 만한 증거를 바탕으로 여러 관점을 고려해 의사결정을 한다.
- **의사소통 능력**: 타인과 메시지를 주고받으며 효과적으로 상호작용하는 종합적인 사회 기술

이 능력들은 뇌의 작은 부분이 홀로 담당하기에는 너무 복잡한 일들입니다. 반드시 여러 영역이 서로 연결되고 소통하면서 함께 일해야 가능하지요. 단순히 누군가의 얼굴을 알아보거나 단어를 알아듣는 것과, 다른 사람과 대화하고 의견을 나누면서 답을 찾는 것은 복잡성이 다릅니다. 복잡한 일을 많이 해야 뇌가 똑똑해집니다. 뉴런 사이의 연결을 다듬어나가야 하는 이 시점에 아이들이 뇌를 복잡하게 쓸 수 있도록 더 어려운 과제를 주고 도전하도록 만드시길 바랍니다.

자기 주도적인 아이는 어떻게 자라나는가

학령기 아이들을 키우는 부모님이 가장 많이 하는 고민은 아이들이 '해야 할 일을 제대로 안 한다'는 것입니다. 아침에 늦게 일어나고, 등교 준비를 천천히 해서 잔소리를 부르고, 숙제를 기한에 맞춰 안 하고, 공부하라고 하면 짜증을 내거나 한없이 미루기만 한다고요. 이상한 일입니다. 초등학생이나 되었으면 이 정도는 자기가 알아서 할 수 있을 것 같은데 왜 잔소리를 하고 쫓아다녀야 하는 걸까요.

훈육의 목표는 아이가 부모의 말을 잘 듣는 것이 아니라 스스로 좋은 선택을 하는 것입니다. 말하자면 자기 훈육(self-discipline)으로 나아가는 것을 목표로 삼아야 합니다. 자기 훈육이란 자기 자신을 규제하고 관리하는 능력을 말합니다. 그동안 아이에게 훈육을 통해 올바른 가치를 심어주고 방향을 찾도록 도와주었다면 아이에게 조금씩 자기 훈육의 기회를 주세요. 처음엔 당연히 잘 안 될 거예요. 바로 끼어들어 고쳐주고 싶은 마음을 잠깐 참고 아이와 함께 앉아 자신을 평가하고 판단할 기회를 주세요. 그리고 다시 도전해보는 거예요. 이를 위해서는 초등학생 때 많이 망해보는 경험이 필요합니다.

삶의 주도권을 잃어버린 아이들

4학년인 지윤이 엄마는 공부 시간마다 괴롭습니다. 공부하는 지윤이보다 학원 숙제를 시키는 엄마가 더 힘든 것 같습니다. 숙제를 하라고 하면 지윤이는 언제나 짜증부터 내고, 갖은 핑계를 대며 미루려고 합니다. 지윤이 엄마는 아이가 숙제를 못 할까 봐 마음이 조급한 동시에 알아서 공부하지 않는 지윤이가 답답합니다. 어느 날은 지윤이 비위를 맞추며 설득하고, 어느 날은 "네가 몇 살인데 이것도 제대로 못 하냐"고 혼을 냅니다. 그렇게 전쟁처럼 숙제를 마치면 지윤이는 고생의 대가로 미디어 시간을 요구합니다. 밤까지 스마트폰을 들여다보고 그만하라고 하면 "할 것 다 하고 노는데 왜 못 하게 하냐"고 대들며 화를 내기 때문에 엄마는 눈치를 보게 됩니다. 갈수록 엄마는 권위를 잃고 지윤이는 짜증이 늘어갑니다.

지윤이 엄마는 지윤이가 "집중력이 부족한 것 같다"며 저를 찾아왔습니다. 집중하면 금방 끝낼 수 있는 숙제를 오랫동안 붙들고 있고,

혼나지 않으면 스스로 숙제를 시작하지 않는 모습이 걱정되었지요. 그래서 동기를 부여하여 효과적으로 공부할 수 있는 법을 알고 싶다고 했습니다. 지윤이는 학교생활이나 교우 관계에 별다른 문제가 없고, 학교에서는 집중을 못 한다는 지적을 받지 않기 때문에 저는 지윤이가 집중을 못 하는 건 아니라고 판단했어요. 지윤이 엄마와 지윤이가 공부에 대해 잘못 생각하고 있는 것이 문제라고 생각했지요.

많은 부모님들이 공부의 주체가 학생이라는 점을 간과합니다. 말은 "공부는 네가 하는 거야"라고 하지만 실제로는 아이가 원하거나 필요하다고 생각해서 하는 공부보다는 부모가 정해준 공부가 대부분입니다. 한국 아이들의 공부 양을 보면 언제나 깜짝 놀랍니다. 이보다 많이 할 수 없을 것 같은데도 몇 년이 지나면 더 많아지고, 더 어릴 때부터 시작하는 것이 놀랍습니다. 수학(심지어 수학 학원도 여러 가지), 영어, 국어, 독서, 코딩, 피아노 등 해야 할 것이 자꾸만 쌓이면 결국 부모는 아이를 채근하게 됩니다. 수학 숙제를 빨리 마쳐야 피아노 연습을 할 수 있고, 영어 숙제 해놓고 피아노 레슨 다녀와선 화상 영어 수업을 해야 하니까요. 부모의 마음은 조급하기만 합니다.

아직 뇌가 자라는 중인 아이들은 이 많은 것들을 혼자 기억하고 챙기고 완벽하게 해내기 어렵습니다. 아마도 수학 숙제부터 오래 걸리면서 줄줄이 밀릴 것이고, 피아노 학원이 끝나면 친구랑 장난치느라 영어 수업 시간에 딱 맞춰 도착하지 못할 것이고, 예습도 제대로 안 했으니 수업 시간에 제대로 이야기를 못 하겠죠. 당연한 결과입니다. 여기에는 문제가 없습니다.

문제는 부모에게 있습니다. 아이의 일을 자신이 대신 결정하려고 하는 부모요. 목표는 부모가 정했는데 실행은 아이가 해야 하는 것이 문제입니다. 그런데 아이는 아직 그만큼을 실행할 능력이 없지요. 빠른 시간에 많은 일을 하는 '효율'을 쫓다 보니 아이 혼자서는 다 해낼 수가 없습니다. 결국 부모는 매니저처럼 따라붙어 실행을 대신해주기 시작합니다. 아이는 스스로 결정하고 새로운 것을 시도해볼 기회를 얻지 못하게 됩니다. 아이는 삶을 주도할 기회가 없으니 삶을 주도할 능력을 키울 수가 없습니다.

선택의 자유가 책임감을 기른다

지윤이네 이야기로 돌아가봅시다. 지윤이에게 수학을 잘하고 싶은지, 학원을 지속하고 싶은지 물어보았습니다. 그렇다고 하더라고요. 지윤이가 수학 공부를 할 의지가 있다는 것을 전제로 지윤이와 엄마에게 다음 네 가지를 설명하고 동의를 받았습니다.

- 수학 숙제를 하는 것은 지윤이의 일이다. 지윤이가 도움을 요청하기 전에 미리 나서지 않는다.
- 숙제를 하다가 엄마의 도움이 필요하면 예의 바르게 도움을 요청하거나 질문한다.

- 5시부터 30분간 최선을 다해 숙제를 하고, 그 안에 마치지 못한 것은 그대로 가져간다.
- 어려운 문제는 수업 시간에 선생님께 질문해서 배우고, 숙제를 못해 간 경우에는 솔직하게 이유를 이야기한다.

첫 이틀은 열심히 숙제를 마치고 수업도 적극적으로 들었습니다. 하지만 다음 숙제는 제때 마치지 못했지요. 선생님은 숙제를 제대로 하지 않으면 같은 반 친구들과 함께 진도를 나갈 수 없다고 지윤이를 나무라셨고 지윤이는 남은 숙제의 절반을 다음 시간까지 해오기로 추가 숙제를 받았습니다. 주말까지 숙제를 해야 했지요. 당연히 괴로웠고 짜증도 났지만 엄마 탓을 하지는 않았습니다. 엄마도 "그러게 미리미리 좀 하지!"라고 외치고 싶은 것을 꾹 참고 그 '꼴'을 보지 않기 위해 부엌에 들어가 깍두기를 만들었다고 합니다. 이 부분이 너무 좋아서 어머님의 허락을 받고 있는 그대로 가져왔습니다. 때로는 그냥 안 보는 게 낫거든요. 지윤이는 한 달 정도 무척 헤맸습니다. 엄마의 잔소리가 사라지니 어찌할 바를 몰랐지요.

어느 정도 기간이 지나자 지윤이는 나름대로 시간을 관리하기 시작했습니다. 수업이 끝나고 바로 숙제를 시작하면 배운 내용이 기억에도 잘 남고, 숙제도 더 빨리 마친다는 것을 알게 되었죠. 하루에 모든 숙제를 다 할 수는 없었기에 되도록 다음 날은 미루지 않고 숙제를 하면서 '최대한 숙제를 빨리 마친다'는 공부법을 선택했습니다. 매일 정해진 분량을 하도록 요구했던 엄마와는 다른 결정이었죠.

지윤이의 선택이 반드시 더 옳을까요? 꼭 그렇다는 보장은 없어요. 그보다 더 중요한 것은 스스로 선택하고 결과를 경험한 뒤, 그 결과에 따라 자신의 선택을 바꾸었다는 것입니다. 만약 지윤이가 현재의 공부법에서 단점을 발견한다면 그 방법을 바꿀 수 있을 것이고, 선택과 수정을 거치며 점차 자신에게 맞는 방법을 찾아가게 될 것입니다. 선택할 기회가 없는 아이는 이 능력을 배울 수 없습니다.

자기 주도성은 개인이 자신의 삶과 경험을 주도하여 통제하고 이끌어나가는 능력을 말합니다. 여기에서는 스스로 선택하고 결정하는 것이 핵심 요소이지요. 아이에게 꼭 지켜야 하는 중요한 가치들을 알려주고, 이것들을 지키는 선에서 최대한의 자유를 주세요. 그 자유에는 빨리 성공하지 못할 자유, 비효율적으로 움직일 자유, 실패할 자유도 포함됩니다. 선택의 결과를 확인할 자유를 주세요. 그래야 자기 주도성이 완성됩니다. 이번 선택의 결과가 좋지 않았다는 것을 경험하면 다음 선택은 분명 더 좋아질 겁니다.

근거를 바탕으로 부모를 설득할 기회를 줘라

훈육을 어렵게 만드는 것 중 하나는 바로 아이의 '말대꾸'입니다. 아이가 클수록 꼬박꼬박 말대답을 하고 지지 않으려고 반항하는 모습에 부모는 화가 납니다. 지금 아이에게 져주었다간 버릇이 나빠질 것 같아 부모는 더 강하게 아이를 누릅니다. 내가 하라는 대로 할 것을 종용하지요.

"하라면 그냥 하지 왜 이렇게 말이 많아!"

"누가 어른한테 그렇게 말대꾸하래?"

"남들도 다 하는 건데 왜 너만 유별나게 굴어?"

틀렸습니다. 아이들은 우리가 하라는 대로 하지 말아야 합니다. 남이 시키는 대로 하는 사람은 생각할 힘, 즉 사고력이 없는 사람입니다. 부모의 결정을 무조건 따르도록 요구하며 생각할 힘이 없는 아이로 만들지 마세요. 스스로 결정하는 아이로 키우기 위해서는 비판적 사고력을 갖도록 하는 것이 중요합니다. 비판적 사고력을 가진 아이는 아래와 같은 능력들을 갖고 있습니다.

- 중요한 질문과 문제를 발견하고, 명확하게 문제를 제기하는 능력
- 관련 정보를 수집하고 해석하여 정보의 신빙성을 평가하는 능력
- 타당한 결론과 해결책을 도출하고 이를 테스트하는 능력
- 여러 가능성을 열린 마음으로 고려하는 능력
- 문제의 해결을 위해 다른 사람과 소통하는 능력

이 능력들은 AI와 함께 살아갈 우리 아이들이 반드시 갖추어야 할 것들입니다. 우리 아이들은 앞으로 더 이상 다른 사람이 시키는 대로 살 필요가 없어질 것입니다. 아니, 그보다 더 정확하게는 다른 사람들이 시키는 대로 사는 아이는 도태될 것입니다.

이미 많은 기업이 '정해진 매뉴얼 대로 행동해야 하는' 직업을 기술로 대체하고 있습니다. 소비자 상담을 챗봇으로 바꾸고, 복잡한 서류 정리와 데이터 요약도 AI가 담당합니다. 말대꾸하지 않고, 불만을 품지 않고, 시키는 대로 하는 것은 기계가 훨씬 잘하기 때문입니다. 더 빠르고 더 정확하게 할 수 있죠. 이제 우리는 선택해야 합니다. 시키는 대로 일하는 아이로 키울 것인가, 문제를 제기하고 해결을 주도하는 아이로 키울 것인가를요.

아이의 반항을 학습 기회로 바꾸는 3가지 말

제가 훈육책을 쓰고 있으니 저희 아이들이 말을 대단히 잘 들을 것 같지만 딱히 그렇지는 않습니다. 오히려 안 듣는 쪽에 가깝다고 생각합니다. 저희 아이들은 제 말에 반항을 잘 합니다. 이미 정해둔 규칙을 지키지 않거나 부모의 의견에 반대할 때도 많습니다. 어린아이들이 반항하는 것이 못마땅한 어른이라면 이렇게 말할지도 모릅니다.

"How dare (어떻게 감히)!"

하지만 이렇게 생각을 바꿔봅시다.

"Dare me (한번 도전해 봐)."

저희 집에는 저녁에는 미디어를 보지 않는다는 규칙이 있습니다. 늦은 시간에 디지털 미디어를 사용하는 것이 수면을 방해하기 때문이죠. 하지만 가끔 저녁에 친구 가족이 놀러오면 서하는 친구와 함께 게임을 하고 싶어 합니다. 저녁을 먹고 어른들이 대화하는 자리에 서하가 조심스레 다가오더니 "엄마, 라온이 형이랑 같이 게임해도 돼요?"라고 물어봅니다.

"지금은 저녁이라 게임 시간이 아닌데. 왜 우리가 게임을 해야 하지? 설명해 봐."

"음… 하고 싶어서?"

그 정도로는 어림없죠. 저녁 시간임에도 불구하고 게임을 허락해야 하는 세 가지 이유를 가져오라고 이야기합니다. 아무 이유나 세 개를 말했다고 해서 쉽게 들어주지 않습니다. "재밌으니까" 같은 이유는 바로 퇴짜를 맞습니다.

"다른 놀이를 해도 재미있을 수 있잖아. 그 정도 이유로는 설득할 수 없어."

생각을 좀 더 구체화해서 가져옵니다. "형이랑 나랑 같은 게임을 좋아하기 때문에 같이 게임을 하면 우리가 다른 놀이를 하는 것보다 더 즐거운 시간을 보낼 수 있다"는 이유는 합격입니다. 마지막 이유는 아주 좋은 의견 전개였습니다. "형이 나보다 게임을 더 잘 하니까 같이 하면서 많이 배울 수 있다"고 합니다.

"그래. 서하의 이유는 잘 알겠어. 그 정도 이유라면 게임을 해도 좋을 것 같아. 그런데 라온아, 너는 왜 해야 하니?"

"네에?"

"네가 게임을 더 잘 하니까 서하는 너랑 같이 하면 배울 수 있다고 하잖아. 서하한테는 좋은 거지. 근데 그게 너한테도 좋을까? 서하한테만 좋고 너한테는 안 좋으면 안 되잖니."

라온이는 자신에게도 질문이 날아올 줄은 미처 몰랐겠지요.

"어… 생각해보고 올게요."

둘이 머리를 맞대고 고민하더니 새 이유를 하나 더 가져옵니다.

"제가 서하한테 게임을 잘 설명해주려면 저도 생각을 많이 해야 되니까 저에게도 좋을 것 같아요."

합격입니다.

아이가 정말로 게임을 하고 싶어 한다면 이것을 성장의 기회로 삼으세요. 대개 부모는 이 문제에 대해 더 오래 고민했고, 지식도 더 많습니다. 이 상황에서는 대화를 오래 해봐야 아이가 부모를 설득하기 어렵고, 근거가 부족하기 때문에 제대로 된 주장을 펼 수 없습니다. 그대로 놔두면 사실 아이를 굴복시키기 더 쉽습니다. 하지만 아이에게도 기회를 주세요. 원하는 것을 위해 근거를 가져올 기회요. 세 가지 말이면 됩니다.

"생각해봐."

"공부해봐."

"찾아봐."

이 문제의 답을 찾기 위해 필요한 정보가 무엇인지 생각해보고 좋은 정보를 바탕으로 결정하는 연습을 시키세요. 아이가 간절히 원하는 것일수록 더 열심히 할 수 있습니다. 장담하는데 독해 문제집 열 권을 푸는 것보다 더 많이 배울 거예요.

가족 회의와 협상법: “너의 생각을 말해 봐!”

아이가 조금씩 자라날수록 생활 규칙을 유지하는 것이 어려울 때가 있습니다. 아이의 삶이 다채로워지고 내가 함께하지 않는 상황이 많아지기 때문입니다. 아이도 나름대로 사회생활을 하면서 우리 가족과는 다른 사람, 우리 집 규칙과는 다른 규칙들을 접하게 되고요. 중요한 규칙들이 맞부딪히는 경우도 생기지요. 단순하게 ‘해라, 하지 말아라’ 중에 하나를 선택해서 훈육하기가 점차 어려워집니다.

아이가 학령기에 접어들면 아이에게는 아이의 세상이 있고 부모가 아이가 경험하는 모든 것을 다 알지 못한다는 것을 받아들일 필요가 있습니다. 아이도 자신이 언제든 새로운 상황을 만날 수 있고 스스로 선택해야 한다는 것을 알아야 하고요. 그렇지 않고 아이가 늘 정해진 대로, 부모가 만든 규칙을 따르기만 하면 그와 다른 환경에 놓였을 때 불안해지고 당황하게 되거든요. 그래서 이제부터 중요한 것은 아이와의 소통입니다.

훈육의 열쇠는 말 통하는 관계

아이가 어릴 때는 아이가 겪는 어려움을 발견하기가 쉽습니다. 아이가 직접 나를 따라다니며 큰 소리로 알려주니까요. 눈물 콧물 흘리면서 "이거 싫어! 안 해! 미워! 나빠!" 하고 목청 높여 외치지요. 그런데 아이가 클수록 아이가 현재 안고 있는 어려움은 눈에 잘 보이지 않습니다. 아이가 겪는 문제가 꼭 우리 집 안에서만 생기지도 않고, 평소 소통이 잘되는 부모가 아니라면 아이가 먼저 와서 고민을 털어놓지 않기 때문이에요.

평소에 많은 대화를 나누세요. 아이가 학교에 다녀온 뒤, 혹은 저녁 식사를 할 때나 잠자리에 들 때 매일 대화하는 시간을 만드세요. 자녀가 둘 이상이라면 한 명씩 대화 시간을 갖는 것이 좋습니다. 아이에게 있었던 일과 부모에게 있었던 일을 나누다 보면 자연스럽게 훈육의 순간이 찾아옵니다. 학교에서 친구와 다퉜다거나 선생님이 하신 말씀에 속이 상했다거나 과제가 너무 많아 어떻게 시작해야 할지 모르겠다거나 하는 일들이요.

훈육의 축으로 소개했던 이해력과 판단력을 높이는 훈육법 기억하시나요? 나이가 어려도 얼마든지 시도할 수 있지만 한계가 있는 것도 사실입니다. 아직 어린 나이에는 자신의 관점 위주로 생각하고 실제 있었던 일을 제대로 기술하는 것이 어렵거든요. 학령기에 접어들면 아이의 모국어가 자리 잡고 언어 능력과 사고력이 많이 발달하기 때문에 이러한 훈육법이 빛을 발하게 됩니다. 아이의 문제에 바로 끼어들어 "그래서 어떻게 했어? 아휴, 그게 아니지. 그럴 때는 이렇게 얘기했어야지" 하고 답을 주기보다는 무슨 일이 있었는지, 아이의 감정은 어땠는지, 문제를 해결하기 위해 어떤 노력을 했는지 대화하세요. 경청의 귀를 열어두고요. 내가 하는 말에 '네' '아니오' 하고 대답하기만을 바라지 말고 아이가 말하도록 기다려주세요.

그리고 부모의 품을 내어주세요. 친구가 한 말로 아이가 많이 속상했다면 안아줄 수 있을 거예요. 맛있는 것을 먹으며 기운을 내자고 따뜻한 음식을 해줄 수도 있고요. 함께 식사하며 엄마가 어렸을 때 겪었던 친구와의 갈등을 옛날이야기처럼 들려주세요. 어떤 문제는 금방 풀릴 거예요. 어제 눈물을 뚝뚝 흘리며 다시는 같이 안 놀겠다고 선언한 친구와 서로 화해의 말 한마디도 없이 다시 놀게 될 수도 있지요. 어떤 문제는 해결하는 데 좀 더 오래 걸릴 거예요. 같은 문제가 계속 반복된다면 학교에서 어른들에게 도움을 청하는 법을 알려주고, 아이가 혼자 해결하기 어려운 문제는 언제든 도와줄 거라고 말해주세요. 자신의 마음을 털어놓고 부모의 위로를 받으면 아이는 다시 내일 자신의 사회로 나갈 힘을 얻습니다. 어쩌면 부모보다 더 잘 해결하고 올지도 몰라요.

똑부러지는 아이로 키우는 법

앞서 소개한 '비판적 사고력을 키우는 훈육'으로 돌아가봅시다. 아이가 자신의 의견을 펼치는 것도 좋고, 나름대로 이유를 갖고 설득하려고 시도하는 것도 좋은데 버릇없이 말한다면 부모는 그 시간이 즐겁지 않을 거예요. 아이가 자신의 뜻을 이루기 위해서는 비판적으로 사고하고 자신의 주장을 근거로 뒷받침하는 능력도 필요하지만 다른 사람의 기분을 상하게 하지 않고 자신의 생각을 개진하는 의사소통 능력도 받쳐주어야 합니다. 효과적인 의사소통은 누군가는 이기고 누군가는 지는 것이 아니라, 화자와 청자가 모두 만족스러운 경험을 하는 것입니다.

반복되는 문제가 있다면 어떻게 해결하면 좋을지 가족회의를 개최하세요. 어떻게 하면 규칙을 잘 지킬 수 있을지 아이들과 함께 상의하는 거예요.

아이들이 일곱 살, 다섯 살일 때의 일입니다. 저희 집에는 엄마와 아빠의 서재가 있는데 어른들이 일하고 있어도 아이들은 종종 들어옵니다. 혼자서 일할 때는 별로 방해되지 않지만 회의가 있거나 강의 중일 때는 아이들이 불쑥 들어오면 흐름이 끊기지요.

처음에는 아이들에게 "문이 닫혀 있을 때는 열고 들어오지 마. 급한 일이 아니면"이라고 알려주었지만 잘 지켜지지 않았습니다. 그래서 가족회의를 하게 되었지요. 아이들은 문이 닫혀 있을 때 들어오면 안 된다는 규칙을 알고는 있었지만 정작 문 앞에 서면 생각이 안 난다는 사실을 끄집어냈습니다.

"어떻게 하면 규칙을 잘 떠올릴 수 있을까?"

아이들이 저에게 문에 거는 종이 표지판을 만들어주었습니다. 종이에는 크게 엑스 표시가 되어 있고, "Do not Enter"라고 적혀 있었습니다. 위에는 구멍을 뚫고 실을 연결해 문고리에 걸어둘 수 있게 만들었더군요. 엄마가 미팅할 때 이걸 걸어두면 들어가지 않겠다고 하더라고요. 표지판이 마음에 들었는지 한참을 둘이 꿈지럭대더니 각자 방에 하나씩 만들어 걸었습니다. 서하의 방에는 자기 방에서 노래를 부르지 말라고 쓰여 있고, 유하의 방에는 자기 방에서는 배틀 놀이를 하지 말라고 쓰여 있었어요. 우리의 규칙이 좀 더 넓어졌습니다. 서재에 들어오지 않는다는 규칙은 다른 사람이 방에서 휴식을 취하거나 일을 하고 있을 때 방해하지 않고 존중하도록 노력하는 것으로 바뀌었지요.

지금까지 가족회의를 해본 적이 없다면 좀 더 가벼운 주제에 대해 각자의 의견을 내고, 주장을 펼치고, 결론을 도출하는 연습을 시작해보세요. 그러다 가끔 기분이 상할 수도 있습니다. 그것도 좋은 배움의 기회입니다. 말하고 싶은 사람은 손을 들고 차례가 되면 발표하거나, 다른 사람이 말하는 중간에는 끼어들지 않도록 지도하고 다른 사람의 의견을 무시하거나 비웃지 않도록 '회의 규칙'을 만드세요. 아이들은 해를 거듭할수록 멋진 토론을 선보일 거예요.

아이들과 연습해보기 좋은 가족회의 주제들을 소개합니다.

가족 일정에 대한 회의

- 오늘 저녁 메뉴는 무엇이 좋을까?
- 이번 주말 가족이 다 함께 보기에는 어떤 영화가 좋을까?
- 서로 다른 영화를 보고 싶어 한다면 어떤 영화를 먼저 봐야 할까?
- 이번 주 가족 구성원 각자의 일정은 무엇이 있을까? 서로 도와줄 부분이 있을까?

가사 노동에 대한 회의

- 거실에서 갖고 논 장난감은 언제까지 치워야 할까?
- 식사를 준비할 때 각자 담당할 수 있는 역할은 무엇일까?

가족 나들이나 여행에 대한 회의

- 이번 여행에서 꼭 하고 싶은 것은?
- 여행갈 때 가져가고 싶은 물건은? 가져가고 싶은 간식은?
- 집을 오래 비울 때 미리 해놓아야 하는 일은 무엇일까?

가벼운 문제로 회의하는 법을 연습했다면 아이와 부모가, 혹은 아이들끼리 자주 대립하는 조금 심각한 문제로 넘어가보세요.

- 형제 중 누가 먼저 샤워를 해야 할까?
- 숙제하고 게임할까, 게임하고 숙제할까?
- 거실의 장난감은 언제, 누가 치워야 할까?

모든 문제가 한 번의 회의로 해결되지 않을 수 있습니다. 만약 더 이상 어느 쪽이 더 좋은지 판단하기 어려운 지점에 도달했다면 일주일 동안 자료 조사를 한 뒤 다시 만나 회의를 해볼 수도 있습니다. 아이의 성장에 맞추어 아이가 우리 가족의 규칙을 만드는 주체가 될 수 있도록 해주세요. 스스로 결정하도록 기회를 주면 줄수록 아이의 의사결정 회로가 단단하게 자라납니다. 만약 회의에서 결론을 내기 어렵다면 다음의 '모두 이기는 협상하기'를 참고하세요.

모두 이기는 협상하기

숙제가 먼저인가, 게임이 먼저인가?

어쩌면 이 작은 문제로 아이와 부모는 첨예하게 대립할지도 모릅니다. 대개 여기에서 부모는 '힘'을 사용합니다.

"너 그래놓고 숙제는 맨날 못 하잖아. 숙제 다 하고 해! 안 그러면 게임은 아예 없어!"

내가 어른이니까, 내가 게임기를 사 줬으니까, 내가 너를 낳아서 키워줬으니까 내 말을 들으라는 식으로 결론을 내립니다. 게임기를 없앤다는 협박으로 아이를 겁주면서요. 언뜻 뜻을 이룬 것처럼 보이지요. 하지만 여러분은 중요한 기회를 잃어버렸습니다. 아이를 협상가로 키울 기회요.

협상은 어려운 일입니다. 누구에게든 말이죠. 왜냐하면 협상은 감정적 압박의 상황이기 때문입니다. 아무리 준비를 철저히 하고 소통에 대한 원칙을 배우고 연습한 사람도 나보다 힘이 센 두려운 상대 앞에서는 무너지곤 합니다. 내가 예상한 것과 다르게 대화가 흘러갈 때의 당혹감, 논쟁에서 밀려나고 있을 때의 분노나 창피함이 나를 압도하면 생각이 얼어붙어 빨리 말을 생각해내기 어렵습니다.

그렇게 내가 얼어붙어 있는 동안에도 논쟁은 나를 기다려주지 않죠. 속수무책으로 당하고 맙니다. 부모가 아이를 감정적으로 압박해서 뜻을 이루는 것은 '지는 협상가'를 키우는 방법입니다. 화내면서도 이기지 못하고, 억울해하면서도 반박하지 못하는 협상가요. 저는 아이들이 그렇게 자라길 원하지 않습니다. 아이들은 생각보다 더 유능합니다. 아이를 문제로 바라보지 말고, 문제를 해결하는 사람으로 바라보세요.

감정을 조절하는 법을 가르치는 것은 다양한 접근이 가능합니다. 심호흡을 가르칠 수도 있고, 감정에 대한 이야기를 많이 들려주면서 자기감정을 이해하도록 가르칠 수도 있지요. 여기 새로운 방법이 하나 더 있습니다. 감정을 조절할수록 나에게 이득이 되는 상황을 경험해보는 것입니다. 바로 협상 테이블이죠.

협상에서 중요한 것은 이해관계입니다. 우리는 자신의 관점에서 문제를 바라보며 요구합니다. "게임하고 싶다고!" "누가 하지 말래? 숙제 먼저 하라고!"라고요. 숙제와 게임의 순서를 정하는 것은 단순히 무엇을 먼저 하느냐만의 문제가 아닙니다. 아이는 원하는 것을 빨리 하고 싶다는 목표가 있고, 부모는 오늘의 숙제를 제시간에 다 마치도록 지도해야겠다는 목표가 있습니다. 겉으로 드러난 입장만 이야기하는 것이 아니라 그 아래에 숨겨진 이해관계를 두고 말하면 모두 함께 이기는 해결책을 발견할 수도 있습니다.

'이해력을 높이는 훈육'으로 돌아가보죠. 물어보세요.

"게임을 먼저 하고 싶다고? 왜?"

"엄마가 숙제를 먼저 하라고 한 이유는 뭘까?"

게임을 먼저 하는 것 자체는 사실 큰 문제가 없습니다. 다만 부모가 반대하는 이유는 아이가 게임을 먼저 하고 나면 시간이 늦어져 숙제를 마치기 힘들거나, 피곤하다는 이유로 숙제하는 데 시간이 더 오래 걸릴 수 있다고 생각하기 때문이죠. 즉, 부모는 '아이가 게임을 나중에 하기'를 원하는 것이 아니라 '숙제를 제대로 마치기'를 원하는 것입니다. 이것을 깨닫기는 부모조차 어렵습니다. 함께 생각해보세요. "우리가 원하는 것은 도대체 무엇일까?" 하고요.

아이와 부모의 이해관계를 재정의하면 다음과 같습니다

- 아이는 게임 시간을 보장해주기를 원한다.
- 부모는 숙제를 오늘 안에 마치기를 원한다.

이 정도만 생각해도 훨씬 더 창의적인 해결책을 찾을 수 있습니다. 하지만 여기에서 끝이 아닙니다. 반복되는 논쟁에 얽힌 두 사람 각자의 이해관계 및 가족 전체의 이해관계도 함께 생각해볼 수 있습니다.

- 아이는 부모가 자신의 말을 들어주길 원한다.
- 아이는 부모가 자신이 좋아하는 것을 인정해주길 원한다.
- 부모는 아이가 성실하게 학교생활을 하기를 바란다.
- 부모는 아이가 같은 실수를 반복하지 않기를 바란다.
- 부모는 아이가 어른을 예의 바르게 대하기를 원한다.
- 가족 모두 만족할 만한 결과를 바란다.
- 가족 모두 애정 어리고 따뜻한 대화를 바란다.
- 가족끼리 상처 주고 싶지 않다.

우리가 평소 하는 많은 말들 아래에는 이해관계가 깔려 있습니다.

"엄마는 알지도 못 하면서!"

"네가 맨날 숙제 한다고 말만 하고 안 하잖아!"

무조건 화부터 내면 협상을 진행할 수 없다고 알려주세요. 그러기 위해서는 나도 차분하게 협상 테이블에 앉아야겠죠. 아이에게 의견을 전달하고 싶다면 차분하게 말할 준비를 하고 테이블에 앉으라고 알려주세요.

이제 협상가의 언어로 말해봅시다.

엄마 그래, 네가 원하는 것이 무엇인지 한번 들어보자.

아이 엄마, 내가 시간 관리를 못 했던 적도 있긴 하지만 그렇다고 게임 자체가 나쁜 건 아니잖아요. 엄마가 무조건 싫어하지 말았으면 좋겠어요.

엄마 맞아. 게임 자체가 나쁜 것은 아니지. 엄마는 네가 숙제를 정해진 날짜까지 하는 것을 배워야 한다고 생각해서 하는 말이야. 그럼 너는 앞으로 게임 시간과 숙제 시간을 어떻게 관리할 생각이니?

단순히 순서를 따지는 문제에서 벗어나 두 가지를 다 이루는 방법을 생각해보세요. 10분만 생각해도 새로운 해결책을 다섯 가지 이상 떠올릴 수 있을 거예요. 그중에서 가장 좋은 것을 고르면 됩니다. 그리고 아이가 지켜야 할 규칙과 규칙을 어겼을 때의 결과를 정하세요. 협상 결과를 종이에 적어 각자 서명합니다.

서명을 마치면 좋은 협상이었다고 인사를 나누고 악수하세요. 보도 기사처럼 종이를 들고 악수하는 사진을 남겨두어도 좋습니다. 서명한 종이는 잘 보관하고요.

아이는 실제로 시간을 관리할 능력이 아직 부족할지도 모릅니다. 하지만 적어도 시도하고 실패할 기회를 가져야 그 사실을 아이도 알 수 있지요. 협상의 결과대로 노력할 수 있는 기회를 충분히 주고 계속해서 지켜지지 않으면 다시 회의와 협상을 요구하세요. 지난 시간 동안의 결과에 대해 평가하는 시간을 갖고, 어떻게 개선할 수 있을지 이야기하면 됩니다. 아이의 판단력이 조금씩 더 나은 방향으로 갈 수 있다고 믿고, 시행착오를 겪을 기회를 주세요. 아이들은 남이 정해준 것보다 본인이 정한 것을 지키려고 더 많이 노력합니다. 책임감이 있으니까요. 그리고 의사결정 과정에 참여할 기회를 얻은 것을 기쁘게 여겨요. 부모가 나를 존중한다고 느끼니까요.

앞으로 아이는 점점 부모의 말을 그대로 따르지 않을 것입니다. 사람이 성장하는 과정에서 자연스러운 일입니다. 좋은 리더는 좋은 결정을 내리고, 다른 사람들에게 긍정적인 영향을 미치는 사람입니다. 아이에게 리더십을 발휘할 기회를 주세요.

게임 및 숙제 시간 관리 협약서

게임 및 숙제 시간 관리 협약서

- 평일 게임은 하루 40분, 주말 게임은 1시간
- 게임은 저녁 8시 이후에는 할 수 없다.
- 숙제는 저녁 9시 전까지 마친다.
- 일주일 동안 밀린 숙제는 주말 게임 시간 내에서 보충한다.

나는 위 사항에 동의합니다.

부모: ______________ (서명)

자녀: ______________ (서명)

2부

아이에게 상처주지 않는 훈육 실천하기

5장 화를 잘 다스리는 감정 조절의 뇌과학

나도 모르게 폭발하는 이 감정은 무엇일까

야속한 사실이지만 훈육은 단번에 성공하기 어렵습니다. 어쩌면 성공이라는 결승점 자체도 없다고 볼 수 있겠네요. 끊임없이 아이들과 함께 좋은 의사결정을 해나가는 과정이니까요. 아이들은 같은 내용을 여러 번 알려주어야 하고, 잘하던 행동도 어느 날 실수하기도 합니다. 아이가 언제나 웃으며 고분고분 대답하는 것도 아니죠. 반항하거나 떼를 쓰거나 고집을 부리는 아이와 대치하다 보면 화가 치밀어 오를 때도 있습니다. '몇 번을 얘기했는데 아직도 모르냐'라는 아이에 대한 화일 수도 있고 '할 만큼 했는데 왜 내 마음대로 안 되는 거야'라는 나에 대한 화일 수도 있습니다.

훈육을 잘하고 싶은 부모님들에게 빠지지 않고 등장하는 고민이 바로 화의 문제입니다. 훈육에 대해 배우기도 하고, 규칙도 만들고,

'친절하게 말해줘야지' 하고 다짐도 하지만 꼭 중요한 순간에 화가 나면 생각했던 대로 잘 되지 않습니다.

화는 자연스러운 감정입니다. 화가 나는 것 자체는 잘못된 것이 아니에요. 하지만 훈육은 아이를 가르치는 일이기 때문에 화와 같이 강한 감정이 끼어들면 가르치는 부모도, 배우는 아이도 감정을 처리하는 데 에너지를 쓰게 되어 정작 중요한 메시지는 놓칠 수 있어요. 때로는 서로 상처를 받기도 하고요.

우리는 이번 장에서 화란 무엇이며 어떻게 다루면서 훈육을 해야 할지에 대해 이야기할 거예요. 우리가 화에 대해 이야기하는 이유는 지금까지 내가 화낸 것에 대해 더 큰 죄책감을 갖거나, 나를 탓하려는 것이 아니에요. 내일부터 더 잘하기 위해 배우는 것이죠. 그러니 이번 장은 마음 편하게 읽어주시면 좋겠어요. 편안한 자세로 앉아서 뭉친 어깨도 좀 풀고, 따뜻한 혹은 시원한 물도 한 잔 마시면서요. 준비되셨나요?

우리 삶에 꼭 필요한 감정

화를 잘 다루기 위해서는 화가 무엇인지를 잘 알아야 합니다. 영화 〈인사이드 아웃〉을 보셨나요? 서로 다른 감정들이 외부의 상황을 소화하고 적절한 행동을 만드는 과정을 재미난 캐릭터들로 보여줍니다. 이 중 화는 '버럭이'라는 캐릭터로 등장합니다. 버럭이는 마음에 들지 않는 일이 생기면 이를 악물거나 소리를 지르고, 화가 많이 나면 머리 위로 증기가 점점 올라오다가 결국 불을 내뿜습니다. 행동을 선택하는 데에도 거침이 없죠.

화란 무엇일까요? 잠깐 읽기를 멈추고 내가 생각하는 화는 무엇인지 10초 정도 생각해보세요. 많은 분들이 화가 무엇인지를 생각할 때 아래와 같은 단어를 떠올립니다.

불편하다, 싫다, 부정적이다, 감정을 분출한다, 참지 못한다.

폭발한다, 욱한다, 주체하지 못한다, 타오른다, 내지른다.

꼭 영화 속 '버럭이'의 모습 같죠? 우리는 화가 부정적인 감정이라는 것에는 모두 동의합니다. 그리고 다른 감정에 비해 강하고, 그렇기 때문에 억누르지 못하고 화산이 폭발하듯이 분출하는 것, 가두어두지 못해 밖으로 터져나오는 것이라고 생각합니다.

미국심리학회에서는 화란 "의도적으로 나에게 해를 가한 대상에 대한 강한 불쾌감, 불편함, 반발심의 감정"이라고 정의합니다. 음, 기분이 안 좋은 상태라는 것은 확실하네요. 그런데 이 정의에는 보통 사람들이 생각하는 화와 다른 점이 하나 있습니다. '통제되지 않고 터져나온다'와 같은 표현은 없다는 것입니다.

화는 그저 감정일 뿐이기 때문이에요. 화는 무언가 잘못되었다는 신호입니다. 나에게 해를 가하는 일이 벌어진 것이죠. 화는 외부와 내부의 자극에 의해 발생합니다. 외부의 대상(누군가 나를 때렸다)일 수도 있고, 외부의 상황(중요한 약속이 있는데 자동차가 고장났다)일 수도 있어요. 혹은 나의 내면에서 일어나는 일일 수도 있습니다. 경제적 문제를 해결하지 못해 계속 걱정하고 스트레스를 받다 보면 화가 날 수도 있고, 10년 전에 있었던 억울한 일이 떠오르면 다시 화가 날 수도 있죠.

화는 인간의 기본 감정 중 하나입니다. 누구나 갖고 있는 자연스럽고 건강하고 정상적인 감정이라는 것이죠. 만약 화가 우리에게 안 좋은 것이라면 진화를 거치며 점차 사라졌을 거예요. 하지만 사라지지 않고 이렇게 남아 있는 이유는 우리의 삶에 도움이 되기 때문입니다.

화는 우리가 직면한 문제와 불만 사항을 발견하도록 도와줍니다. 화는 우리를 좀 더 긴장하게 만들고 에너지를 높여서 직면한 문제에 더 집중할 수 있게 만듭니다. 화는 우리에게 해를 끼치는 것으로부터 우리를 보호해줍니다. 경계를 침해하거나 위협이 있을 때 자신을 보호하는 데 필요한 행동을 하도록 동기를 부여합니다.

화는 우리가 받는 부당한 대우나 차별에 맞서 싸울 수 있도록 도전하고 반발할 수 있는 용기를 심어줍니다. 화는 내가 아닌 다른 사람이 받는 부당한 대우에 항의하고 차별받는 사람을 돕도록 동기를 부여합니다. 이를 통해 우리는 세상을 더 좋은 방향으로 변하게 합니다.

자존감, 건강, 관계를 무너뜨리는 화

이렇게 화는 자연스럽고 필요한 감정이라고 하는데, 왜 화가 문제가 될까요? 보통 화는 너무 자주 낼 때 그리고 너무 강할 때 문제가 되고, 화라는 감정을 부적절하게 표현할 때 문제가 됩니다.

너무 자주, 크게 화내는 것은 우리의 신체 건강에 영향을 미쳐요. 서울 아산병원 심장내과의 최기준 교수님에 따르면, "분노를 느끼거나 크게 화를 낼 때 가장 큰 영향을 받는 장기는 심장"이라고 해요. 화가 날 때 심장이 쿵쿵 뛰죠? 캐나다의 한 연구에서 전 세계 1만 건 이상의 심근 경색 사례를 분석한 결과 14.4%의 환자가 증상이 나타나기 1시간 전에 분노를 경험했다고 합니다. 약한 강도라도 자주 분노를 경험하면 혈압과 심박수가 상승하기 때문에 심장 질환 발생률이 증가할 수 있어요. 너무 자주, 크게 화를 내면 좋지 않겠죠? 우리 심장은 소중하니까요.

화는 우리의 마음 건강에도 영향을 미칩니다. 화와 자존감의 연결은 흥미롭습니다. 자존감이 낮은 사람은 화를 더 자주 낸다고 해요. 같은 말을 들어도 자존감이 낮은 사람은 자신이 존중받지 못한다고 느끼거나, 상대방이 자신을 무시한다고 해석할 가능성이 높거든요. 이럴 때 자존감이 낮은 사람들은 화를 크게 표출하여 자신이 더 강하고 우위에 있는 존재임을 확인하고 싶어 합니다.

반대로 스스로를 자주 화내는 사람이라고 생각할 경우 자존감이 낮아집니다. '화 내지 말아야지'라고 다짐했지만 또 화를 내고, '참아야지' 하고 생각했지만 참지 못하는 경험을 반복하면서 후회와 자기 비난을 경험합니다. 반복적으로 화는 내지만 상황은 해결하지 못한다면 자신의 문제 해결 능력 역시 믿을 수 없게 되고요. 이에 자신에 대해 지속적으로 부정적인 평가를 하게 되고, 자존감이 낮아질 수 있죠.

마지막으로 화는 관계에 영향을 미칩니다. 우리가 흔히 화를 생각할 때 함께 떠올리는 '폭발적인' 감정은 더욱 그렇습니다. 폭발적인 분노는 정서적, 신체적, 언어적 폭력으로 이어지기 쉽기 때문입니다. 폭발적인 분노는 다른 사람에게 피해를 주고 신뢰를 무너뜨립니다. 아이들에게 퍼붓는 분노와 폭력은 더 치명적입니다. 아이들의 심리적 안정감을 해치고 부모에 대한 신뢰를 망가뜨리니까요. 지속적인 분노의 대상이 되는 아이는 정신 질환을 가질 가능성과 문제 행동을 보일 확률이 높아집니다.

아이에게 위협이 되지 마세요

화는 우리에게 꼭 필요한 감정이고, 우리 자신을 보호하는 역할을 합니다. 우리를 위협하는 상대가 있다면 화는 신호를 보내어 빠르게 대응하도록 만들죠. 화라는 감정에 관여하는 뇌 영역은 다양합니다. 우리의 뇌는 이성과 감성의 영역으로 양분되어 있지도 않고, 하나의 감정마다 하나의 뇌 영역이 할당되어 있지도 않거든요. 부정적 사건을 감지하는 영역부터 자신의 내부 감각을 모니터링하는 영역, 신체의 항상성을 유지하는 영역과 인지적 평가와 학습을 담당하는 영역까지 모두 함께 참여합니다.

그중에서도 화의 신호를 이해하는 데 가장 중요한 뇌 영역은 편도체입니다. 편도체의 이름은 영어로 아미그달라(Amygdala)인데, 아몬드처럼 생겨서 붙여진 이름이라고 해요. 한국어 이름 역시 작은 편(扁),

복숭아 도(桃)라는 한자를 사용합니다. 편도체가 하는 중요한 일은 부정적인 사건을 감지하고 신호를 보내는 것입니다. 그래서 편도체는 화뿐만 아니라 공포, 공포를 불러일으키는 사건에 대한 학습, 불안, 고통, 스트레스 수준 등과 관련되어 있습니다.

외부에서 위협이 느껴지면 편도체는 빠르게 반응하며, 위협에 대처하는 행동을 만들어내고자 합니다. 이것을 투쟁-도피 반응이라고 부릅니다. 하나를 더해 투쟁, 도피, 혹은 경직 반응이라고도 부르고요. 투쟁-도피 반응은 이름 그대로 외부의 위협에 맞서 싸우거나 위험을 피해 도망치는 (혹은 쥐 죽은 듯 얼어붙는) 생리적인 반응을 말합니다.

이를 '편도체의 두뇌 납치'라고 비유적으로 표현하기도 하는데요. 편도체의 강한 신호는 뇌에서 특정 기능들이 더 빠르게 일어나도록 만들기 때문입니다. 반대로 어떤 기능은 평소보다 느려지거나 약해지기도 하지요. 이를 비행기가 납치당해 조종석을 빼앗긴 것 같은 상태에 비유한 것이죠. 실제로 다른 뇌 영역(예를 들면, 이성)이 마비된다는 의미는 아니랍니다.

예를 들면 화가 났을 때 뇌는 통증에 대한 인식 기능을 제한합니다. 한 대 맞았다고 너무 아파하면 계속 싸울 수 없잖아요. 들짐승에게 물린 자리가 아프다고 도망치지 않으면 더 큰 사고를 당할 수 있고요. 위협의 상황을 벗어나는 데 에너지를 집중할 수 있도록 뇌는 신체의 통증이 잘 느껴지지 않도록 합니다. 그와 더불어 우리를 더 용감하게 만들기도 해요. 화가 난 사람은 자신이 싸워서 이길 확률을 더 높게 평가합니다. 즉, 화가 난 뇌는 고통을 인식하는 기능은 제한하고 이길 가능성은 높게 평가하여 우리를 더 쉽게 싸우도록 만들어요.

또한 우리의 집중력이 올라가고, 의사결정 속도가 빨라집니다. 이것은 장점이면서 동시에 단점이기도 합니다. 정말 위급한 상황에서는 살아남을 방법을 빠르게 찾고 실행에 옮겨야 하는 것이 맞습니다. 하지만 그렇지 않은 상황에서도 화는 우리를 조급하고 빠르게 대응하게 만들기 때문에 이것저것 차분하게 고려하지 않고 무턱대고 벌컥 소리부터 지르는 결과를 낳기도 합니다.

화가 났을 때 하는 나의 행동이 이해가 안 될 때가 있을 거예요. 나는 아이를 이렇게 사랑하는데, 아까는 왜 그렇게 소리를 질렀지? 아이는 이렇게 작고 약한데 내가 왜 모든 것을 아이 탓을 했지? 왜 어린 아이를 상대로 박박 우기며 끝까지 싸웠지? 화는 우리를 빠르게 이기도록 부추기기 때문입니다. 그것을 통해 우리 자신을 보호하려고 하죠. 나도 모르게 아이와 싸워서 이기려고 하게 되는 거예요.

하지만 훈육의 목표는 아이를 이기는 것이 아니라 아이를 가르치는 것이에요. 잘 가르치기 위해서는 아이를 위협할 것이 아니라 안내해야 합니다. 이것이 우리가 훈육할 때 화를 다스려야 하는 이유입니다. 아이와 싸우는 부모가 아니라 훈육을 하는 부모가 되기 위해서요. 그럼 화를 조절하는 첫 단계를 시작해볼까요?

화가 난 내 모습 이해하기

화가 날 때 나에게 어떤 변화가 생기는지 생각해본 적 있으세요? 화는 하나의 단어지만 그 안에는 여러 가지 경험이 함께 담겨 있습니다. 화를 다스리고 싶다면, 나의 화 경험을 이해하는 것이 필요해요. 내가 언제 화가 나는지, 화가 날 때 나의 모습은 어떤지를 알고 있어야 '화 신호'가 생겼을 때 즉각 알아채고 좋은 행동을 선택하도록 나를 훈련시킬 수 있으니까요.

화가 날 때는 몸과 마음이 모두 변화를 겪습니다. 우선 몸을 살펴볼까요? 교감 신경계의 활성화로 심장이 빨리 뛰고, 혈압 상승, 빠른 호흡, 체온 상승 등이 나타나며, 눈썹에 힘을 주고 입을 꾹 다무는 등 얼굴 표정이 공격적으로 변합니다. 화난 표정은 감정에 대한 반응이기도 하지만 상대방에게 '나 지금 화났다'라는 신호를 보내는 역할도 합니다. 상대를 협박할 때는 부드러운 표정보다 화난 표정으로 말할 때 효과가 더 좋습니다. 목소리가 커지거나 날카로워지기도 하고, 몸에 힘이 들어가서 주먹을 쥐거나 이를 악물고 몸이 떨리기도 합니다.

우리는 화가 나면 몸을 키웁니다. 싸울 태세를 하는 고릴라는 몸을 키우고 가슴을 두드리고, 사마귀 역시 머리를 들고 앞발을 내세워 위협적인 자세를 취합니다. 사람도 마찬가지입니다. 많은 부모님들이 평소에는 아이와 눈을 맞출 수 있는 높이에서 대화하지만 화가 나면 일어서서 허리춤에 손을 올리고 아이를 내려다봅니다. 더 큰 덩치를 내세워 강해 보이고자 하는 본능적 반응입니다.

화는 생각에도 영향을 미칩니다. 우리는 화가 이성이 마비되어 인지적인 생각을 거치지 않고 불쑥 튀어나오는 과정이라고 생각하지만 실제로 그렇지 않습니다. 화는 학습 및 인지적인 평가와 짝을 이룹니다. 같은 사건이라도 '부정적 평가'가 없다면 우리는 화가 나지 않거든요. 두 손 가득 짐을 들고 길을 걷는데 누군가가 나를 치고 지나가서 짐을 다 떨어뜨렸다고 생각해보세요. 상대방을 바라보니 시각 장애인이었습니다. 자, 어때요? 아마도 화가 나지 않을 거예요. 오히려 짐을 살피느라 앞을 제대로 보지 않은 나 자신을 탓하고 사과하게 되겠지요.

화는 행동을 만들어냅니다. 화는 자주 공격적 행동과 연결됩니다. 예를 들어, 소리를 지르거나 비난을 섞어 싸우거나, 물건을 던지거나 부수는 행동, 신체적 공격과 같은 것이죠. 하지만 화가 항상 폭력적이거나 공격적인 방식으로 표현되는 것은 아니에요. 갈등 해결과 협상, 적극적인 문제 해결, 스트레스를 전환시킬 활발한 신체 활동 등으로 이어질 가능성도 언제든지 열려 있습니다.

일부 행동은 습관처럼 반복됩니다. 화가 나는 상황에서 무의식적으로 자동적으로 실행되는 행동들이 있을 거예요. 화가 났을 때 내가 자주 반복하는 말이나 행동이 있는지 파악해보세요. 내가 화났을 때 하는 행동을 미리 알면, 화가 났을 때 이를 포착하기 쉬워집니다. 그리고 그중에서 고치고 싶은 행동이 있다면 다른 행동을 연습하여 좀 더 나은 반응으로 바꿀 수 있습니다.

다음의 행동들은 부모들이 쉽게 하는 화 표현 행동의 예시입니다. 혹시 나의 습관적 행동 중 이에 해당되는 것이 있는지 한번 생각해보세요.

- **소리치기:** 화가 나서 목소리가 절로 높아지기도 하지만 습관적으로 고함을 치기도 합니다. "야! 홍길동!" 하고 큰 소리로 날카롭게 이름을 부르거나 아이를 호되게 꾸짖거나 벌하기 전에는 "너 이리와 봐!" 등의 특정 문장을 사용하는지 생각해보세요.

- **협박하기:** "한 번만 더 하면 너 가만 안 둘 거야" "너 혼자 두고 갈 거야" "집에서 내쫓을 거야" 등 위협적인 말을 사용합니다. 아이에게 공포감을 주거나 반발심을 갖게 합니다.

- **몸이나 물건으로 위협하기:** 손으로 때리는 시늉을 하거나, 손에 든 물건을 휘두르며 위협합니다.

- **물건을 던지거나 문 쾅 닫기:** 물건을 훼손하거나 문을 닫으며 큰 소리를 내는 행동은 문제를 해결하지 않고 회피하거나 소통을 차단하는 행동입니다. 아이가 놀라고 두려움을 느낄 뿐 아니라 이 행동을 모방하게 될 가능성이 높습니다.

- **무시하기:** 아이의 말을 무시하거나 대화를 차단합니다. 지나치게

오래 침묵을 유지하기도 합니다. 아이를 두고 다른 곳으로 가버리기도 합니다. 아이는 소외감과 두려움을 느낄 수 있습니다.

- **비난하기:** 아이의 행동에 대해서 이야기하지 않고, 아이의 성격이나 인격을 비난하는 경우 아이는 스스로를 나쁜 아이라고 여기게 되고 자존감을 해치게 됩니다.

- **신체적 체벌:** 극단적인 경우에는 체벌을 가하는 부모도 있습니다. 저는 '사랑의 매'라는 단어는 사용하지 않습니다. 사랑의 매가 아니라 때리는 것입니다.

위와 같은 행동을 한다면 알아차리고 멈추는 연습을 하는 것이 좋습니다. 화가 났을 때 소리부터 높아지는 사람이라면 일단 심호흡을 먼저 한 뒤 목소리 조절이 가능할 때 말을 시작하는 것을 추천합니다. 손에 든 물건을 휘두르며 이야기하는 사람, 물건을 던지거나 문을 쾅 닫는 사람이라면 손에서 물건을 모두 내려놓고 바른 자세로 앉아 양손을 깍지끼거나, 쿠션을 안고 있는 것도 좋은 방법입니다. 내가 자주 하는 행동을 찾아내어 그 행동이 자동적으로 나오는 것을 막고, 공격적이지 않은 행동으로 갈아 끼울 방법을 생각해보세요.

우리는 화를 무조건 참고 없애려 할 것이 아니라 화가 나에게 보내는 신호에 주목해야 합니다. 왜 내가 화를 내는지, 지금 나에게 어떤 위협이 가해지고 있는지, 어디에서 부당함이 비롯되는지를 생각해보아야 하죠. 이 과정은 우리가 화를 잘 소화할 수 있게 해줄 뿐만 아니라 불필요하게 화내는 것을 막아주고, 또 화를 내야 마땅한 상황에서는 소리를 높여 상황을 더 좋은 방향으로 변화시킬 수 있는 동기를 부여합니다. 그러니 화의 목소리에 귀를 잘 기울여주시기 바랍니다.

부모가 화낼 때 아이의 뇌

부모가 화를 낸다면, 아이의 뇌에서는 어떤 일이 벌어질까요? 다시 한번 강조할 것은 '화를 느끼는 것'은 자연스러운 일이며 잘못된 것이 아니란 점입니다. 다만 부모가 공격적으로 화를 표출하는 것이 문제이지요. 부모가 분노를 폭발시키면 아이의 뇌 역시 위협을 감지하고 투쟁-도피 반응이 시작됩니다. 부모에게 맞서 싸우거나 상황으로부터 도망치거나, 경직되는 반응이 일어나지요.

화가 난 아이는 부모를 이기려고 합니다. 아이가 부모와 함께 소리지르고, 몸을 버둥거리거나 때리고, 물건을 집어던집니다. 반대로 부모가 두려운 존재로 인식된다면 아이는 도망가려고 할 거예요. 다른 데로 가버리거나, 몸을 돌리고 눈을 피합니다. 일부러 웃거나 장난을 치기도 합니다. 이 경우 보통 부모는 더 화가 나죠. 하지만 아이는 나름대로 상황을 회피하는 시도를 하는 중입니다. 긴장한 아이는 얼어붙어 부모가 아무리 말해도 아예 듣지 않을 수도 있죠. 아무리 물어봐도 대답하지 않고 답답하게 합니다.

부모가 자주, 그리고 강하게 화를 표출하면 아이는 계속 높은 스트레스를 받게 됩니다. 지속적인 스트레스에 노출된 아이의 편도체는 더 민감해지고, 외부의 부정적 신호에 더 빠르고 예민하게 반응합니다. 뇌는 반복되는 경험을 통해 배우기 때문입니다. 부모의 화와 폭력적 행동에 자주 노출되면 뇌는 세상이란 위협적인 곳이라고 학습하게 됩니다. 언제 어디서 위협이 생길지 모르니 부정적 신호에 민감해지죠. 민감해진 편도체는 작은 말에도 '발끈'하거나, 평소에도 '눈치'를 보게 됩니다.

간혹 부모는 이 모습을 반항으로 받아들이기도 해요. 한마디도 안 지고 바락바락 대든다, 딴청을 하고 제대로 듣지 않는다며 아이를 더 혼내지요. 당연히 훈육은 잘되지 않습니다. 아이는 위협과 스트레스를 다루고 있는 중이기 때문에 부모의 말을 귀 기울여 들을 준비가 전혀 되어 있지 않습니다. 이 상황을 빠져나가기 위한 행동을 본능적으로 하고 있을 뿐입니다.

모든 스트레스가 다 뇌에 좋지 않다는 의미는 아닙니다. 우리는 누구나, 그리고 언제나 스트레스와 함께 살아갑니다. 우리는 아주 큰 스트레스도 견딜 수 있습니다. 큰 부상을 당했을 때, 사랑하는 가족을 잃었을 때, 자연재해나 전쟁 속에서도 역경을 해치고 삶을 이어가는 많은 사람들이 그 증거입니다. 아이들이 큰 스트레스를 견디기 위해서는 사랑하는 사람들의 지지가 필요합니다. 의연한 부모는 전쟁 속에서도 아이들이 흔들림 없이 자라나도록 든든하게 받쳐줍니다. 부모의 역할은 아이에게 위협이 되지 않고, 아이가 자기감정을 이해하고 진정할 수 있도록 해주는 것입니다.

아이의 위협이 되지 마세요.

아이의 뇌에게 세상은 위협적인 곳이라고 가르쳐주지 마세요. 감정 조절을 잘하는 부모가 감정 조절을 잘하는 아이를 키웁니다.

버럭 다이어트, 시작 전에 점검하기

"예방은 최선의 치료다"라는 말이 있어요. 병이 나면 잘 고치는 것이 중요하지만, 일단은 병이 나지 않고 건강한 것이 더 좋죠. 화는 자연스러운 감정이지만 자주 화를 내고, 작은 일에도 쉽게 화를 낸다면 일단은 화를 덜 내는 법에 대해 먼저 생각해보면 좋습니다.

내가 화를 느끼기 시작하는 수준을 화의 역치라고 부릅니다. 화는 물, 역치는 마음의 그릇과도 같습니다. 역치가 낮다는 것은 그릇이 작다는 의미입니다. 그릇이 작으면 물을 한 컵만 부어도 넘치게 됩니다. 즉, 작은 사건이 일어나도 쉽게 화가 납니다. 역치가 높다는 것은 그릇이 크다는 의미입니다. 물 한 컵을 부어봤자 바닥에 찰랑거리기만 할 뿐 넘치려면 아직 멀었습니다. 어지간한 일에 화를 쉽게 내지 않습니다.

내 몸을 돌보면 화가 줄어든다

쉽게 화가 난다는 것은 역치가 낮다는 의미입니다. 화의 역치가 낮은 부모들, 요즘 들어 역치가 낮아진 것이 느껴지는 부모들은 분명 삶의 어딘가에 삐거덕대는 구석이 있습니다. '화를 그만 내야지'라고 생각하는 것보다 이 문제를 찾아서 고치는 것이 더 효과적일 수 있어요.

화의 역치 조절에 가장 중요한 첫 요인은 바로 신체의 건강이에요. 많은 분들이 뇌와 몸을 따로 생각하지만 뇌도 몸의 일부입니다. 몸이 건강할 때 뇌도 건강하고, 몸을 잘 관리하면 뇌의 기능도 좋아져요. 피곤하면 짜증이 쉽게 나는 것은 누구나 경험해본 일이죠.

화를 자주 내는 것이 고민인 분이라면 저는 제일 먼저 수면 습관을 체크하기를 추천드려요. 수면은 정신 건강을 비추는 거울과도 같아요. 우울, 불안, 스트레스, 화병 등은 수면의 질을 떨어뜨리는 중요한 요인입니다.

수면의 질이 낮은 것, 그리고 수면의 양이 부족한 것 모두 화에 영향을 미쳐요. 수면에 문제가 있을수록 화를 더 쉽게, 자주 느끼고, 화를 더 많이 표현하고, 더 충동적으로 행동합니다. 수면과 화의 관계는 반대로도 영향을 미칩니다. 화는 몸을 경직시키고 흥분시키기 때문에 화가 났을 때는 잠이 잘 오지 않아요. 아이들도 마찬가지입니다. 화를 자주 내는 아이, 분노 표현을 많이 하는 아이, 쉽게 짜증 내는 아이는 잠드는 데 더 오래 걸리고, 수면 시간이 적고, 낮 동안 더 졸린 모습을 보인다고 해요. 화를 잘 다스리고 싶다면 우리 가족의 수면 시간을 점검해보세요.

수면과 밀접하게 연결되는 것은 카페인 섭취입니다. 아침에 일어나 커피를 마셔야 정신이 깨어나는 분들, 오후에 아이들이 하교하면 진하게 커피 한 잔 마셔야 저녁까지 버틸 수 있는 분들 계시죠? 커피나 카페인이 들어 있는 음료를 마시면 피곤해도 잠에서 깨어나고, 일을 하거나 공부를 지속할 수 있게 되는데요. 이것은 진짜 힘을 주는 것은 아니랍니다.

뇌에는 '피곤하니까 쉬어'라는 신호를 보내는 아데노신이라는 물질이 있어요. 아데노신이 분비되어 아데노신 수용체에 결합하면 중추 신경을 억제해 수면을 유도합니다. 그런데 카페인은 아데노신과 닮았답니다. 그래서 카페인이 자기 자리인 양 아데노신의 자리를 차지해버리죠. 즉, 뇌는 쉬어야 한다는 신호를 제때 받지 못하고, 피곤한 상태인데도 피곤하지 않다고 오해하게 되는 거예요. 결국 카페인으로 피로를 감추어봤자, 화까지 안 나게 할 수는 없는 것이죠.

좋은 수면, 영양적으로 균형 잡힌 식사, 규칙적인 운동, 충분한 수분 섭취 등 건강한 습관은 우리의 몸을 아끼는 방법일 뿐 아니라 화를 잠재우는 방법이기도 해요. 나의 몸을 잘 돌보고 피로할 때는 휴식을 취하고, 카페인으로 억지 힘을 내지 마세요. 이것만 잘 챙겨도 화가 줄어드는 것을 느낄 수 있을 거예요.

나 지금,
괜찮은가?

화의 역치에 영향을 미치는 두 번째 요인은 마음 건강입니다. 스트레스가 높을 때는 화가 더 쉽게 나고, 더 크게 화를 내게 됩니다. 장기간 스트레스를 받고 있는 경우에도 그렇지만, 지금 이 순간 스트레스를 받으면 평소보다 화를 버럭 내게 되지요.

화와 관련된 대표적인 정신 건강 요인으로 우울과 불안이 있어요. 먼저 우울에 대해 이야기해볼까요? 우울하다고 하면 슬프고, 힘이 없고, 무기력한 상태를 떠올리기 쉽지만 우울증이 화의 형태로 나타날 때도 있어요. 특히 남성분들의 경우에 두드러집니다. 남성은 어린 시절부터 슬퍼하거나 우울해하는 것, 눈물 등의 감정을 드러내면 남자답지 못하다는 평가를 받고 씩씩하게 행동할 것을 요구받습니다. 그러다 보니 뭔가 마음이 불편하거나 속상할 때 이를 잘 구분하지 못하고, 부정적 감정을 화로 오해하거나 더 크게 공격적인 표현을 하는 경우들이 있어요.

불안은 화와 닮아 있습니다. 화나 두려움은 눈앞에 벌어진 부정적 사건 때문에 생긴 감정입니다. 불안은 이와 비슷하지만 조금 달라요. 부정적 사건이 '생길 것 같은' 기분입니다. 불안을 느끼면 외부 상황에 더 민감하고 예민해지고, 부정적 사건을 더 크게 해석할 수 있습니다. 평소에는 다른 차가 끼어들어도 여유롭게 넘기며 운전을 할 수 있지만 중요한 약속에 늦을 것 같아 마음이 조급할 때는 화가 납니다.

아이의 문제로 불안을 느끼는 부모는 아이의 작은 실수에도 크게 화내는 자신을 발견하게 됩니다.

내가 나쁜 사람이어서라기보다는 너무 지치고 힘들어서 화가 나는 것일지도 몰라요. 그때는 주의를 기울여야 합니다. 이 상황이 지속되면 우리는 단순히 피곤한 것을 넘어 완전히 지쳐버리는 상태, 즉 번아웃을 마주하게 되기 때문입니다. 그렇게 되면 이제는 신체적 문제가 아니라 정신적 문제로 이어집니다.

과도하게 지친 분들의 특징은 다음과 같습니다.

- **하기 싫다:** 평소에 그럭저럭 해내던 일들이 도저히 할 수 없을 만큼 힘들게 느껴집니다. 설거지도, 빨래도, 아이와 대화도 더 이상 할 수가 없는 것. 샤워나 식사 같은 기본적인 것도 하기 싫은 것. 에너지가 고갈되어 무기력한 것은 주의하셔야 합니다.

- **마음이 비어 있다:** 아이와 함께하는 시간이 지긋지긋하고 무의미하게 느껴집니다. 아이와 정서적 거리가 생깁니다. 아이와의 소통을 피하거나 홀로 내버려둡니다.

- **도망친다:** 다른 일에 열을 올립니다. 그것은 온라인 쇼핑일 수도 있고, 봉사일 수도 있고, 아이의 교육 정보를 탐색하는 것일 수도 있습니다. 겉으로 보기에는 좋은 의도를 담고 있는 것처럼 보입니다. 알뜰하게 살림을 하려고 최저가를 검색하거나, 아이에게 즐겁게

한글을 가르치기 위해 밤새도록 준비합니다. 하지만 가끔은 이것이 현실도피일 때가 있습니다. 내가 정말 해야 하는 일을 뒤로하고 사실은 중요하지 않은 일을 과도하게 열심히 하고 있다면 내 마음을 돌아보세요.

- **뇌를 낳은 것 같다:** 아이를 낳을 때 뇌를 같이 낳았다는 우스갯소리가 있습니다. 아이를 키우다 보면 자꾸만 깜빡하고 정신이 없죠. 어느 정도는 괜찮습니다. 하지만 장기간 인지 능력 저하가 지속되면 주의를 기울이세요. 기억력과 주의력은 정서적 건강에 영향을 많이 받습니다.

나는 원래 이런 사람 아니었는데. 육아를 하면서 자꾸 나의 바닥을 보는 기분입니다. 이렇게 작고 어린아이에게 성을 내고, 별것도 아닌 일에 짜증을 내는 나 자신이 실망스럽습니다. 나는 참 나쁜 엄마구나, 나쁜 아빠구나 하는 생각이 들죠. 자꾸만 아이에게 화가 난다면 내 마음에게 한번 물어보세요.

나 지금 괜찮은가?

요즘 들어 유독 화가 많이 난다면 내 마음을 잘 살펴보고, 내가 요즘 무엇이 힘든가 생각해보세요. 혼자서 끌어안고 끙끙 앓지 말고, 주변에 도움을 청해보면 어때요? 나를 이대로 내버려두지 마세요.

지금 스마트폰을 내려놓아라

스마트폰을 끊임없이 확인하는 부모는 더 자주 화를 냅니다. 많은 연구들이 스마트폰을 과도하게 사용하거나 문제적으로 사용하는 경우(예: 강박적인 스마트폰 확인이나 스마트폰 중독), 여러 인지적 기능이 저하되고 스트레스를 유발한다는 결과에 도달했어요. 거기에는 통제 능력의 상실, 현실 회피, 충동성 증가, 부정적 결과가 예상될 때조차 스마트폰 사용을 절제하지 못하는 것(예: 운전 중의 스마트폰 확인) 등의 증상이 포함되죠. 과도한 스마트폰 사용은 약물 중독과 유사한 형태의 문제들을 낳고 있어요.

한 연구에서는 대학생들을 대상으로 스마트폰 사용 시간과 감정 조절 능력 간의 상관관계를 조사했습니다. 스마트폰 사용 시간이 많은 학생들은 그렇지 않은 학생들보다 감정 조절에 어려움을 겪었습니다. 스트레스 상황에서 더 자주 화를 내고, 적절하게 관리하지 못했지요. 스마트폰이 제공하는 강렬한 자극이 뇌를 피로하게 하고, 시도 때도 없는 알림이나 게임에서 나오는 즉각적 보상 등이 우리의 인지 조절 능력을 약화시키기 때문이에요. 하지만 부모와 자녀 사이에는 이보다 더 큰 문제들이 생겨납니다. 하나씩 살펴볼까요?

✢ 부모는 스마트폰을 보는 동안 아이에게 반응하지 않습니다

산타바바라 캘리포니아 주립대학의 나비(Nabi) 교수는 400명의 부모를 대상으로 조사한 결과 부모가 아이들 앞에서 스마트폰을 사용할 경우 아이들의 정서 지능이 낮은 것을 밝혔습니다. 나비 교수는 그 이유를 부모의 스마트폰 사용이 아이들과의 상호작용을 해치기 때문이라고 주장합니다. 스마트폰을 들여다보는 부모의 얼굴은 무표정입니다. 이는 감정의 표현이 없는 '고요한 얼굴'로 우울증으로도 해석되는 표정입니다. 화면에 고정된 부모의 눈은 아이를 향하지 않습니다. 이것은 아이로 하여금 부모에게 다가가기 어렵게 만들고요. 부모와 아이의 상호작용이 줄어들수록 아이는 정서적 능력을 적절하게 발달시키지 못해 문제 행동을 더 많이 하게 됩니다.

✢ 아이들은 부모의 관심을 두고 스마트폰과 경쟁합니다

한 연구에서는 여러 나라의 8~13세 아이들에게 부모의 스마트폰 사용에 대한 의견을 물었습니다. 아이들의 30% 이상은 부모가 식사 중이나 대화 중에 스마트폰을 사용한다고 이야기했고, 그때 아이들은 '내가 중요하지 않다'고 느낀다고 보고했습니다. 아이들은 부모의 관심을 끌기 위해 기계와 경쟁한다고 생각하고 있었지요.

✢ 스마트폰을 많이 사용하는 부모는 잠이 부족합니다

스마트폰의 과도한 사용은 수면에도 영향을 미칩니다. 화면에서 나오는 블루라이트는 우리의 뇌가 규칙적으로 밤(수면 시간)을 지각하는 것을 방해합니다. 자기 전에 스마트폰을 보면 잠드는 데 더 오래 걸리고, 깊이 잠들기도 어려워집니다. 꼭 자극적인 게임이나 숏폼 영상만의 이야기가 아닙니다. 전자책을 보는 것도 (종이책을 보는 것에 비해) 멜라토닌의 분비를 평균 1.5시간 지연시켜 잠들기가 어려워지고 수면 시간도 줄어든다고 합니다. 멍하고 피로한 상태에서는 집중력과 반응 속도가 떨어지기 때문에 아이에게 민감하고 차분하게 반응하기 어렵습니다. 스마트폰은 화에 직접적으로 영향을 미칠 뿐 아니라 우리의 뇌를 충분히 휴식하지 못하게 만듦으로써 우회적으로 화를 부추깁니다.

✢ 스마트폰을 많이 사용하는 부모는 불안합니다

스마트폰은 24시간 우리와 함께하며 끊임없이 메시지를 전달합니다. 스마트폰과 소셜 미디어는 우리가 소통하고, 배우고, 생각하고, 즐기는 방법을 완전히 바꾸어놓았어요. 좋은 방향으로 적절히 사용하면 다른 사람과 경험을 공유하는 즐거움을 주지만, 과도한 사용은 우리의 마음을 해칩니다. 많은 연구들이 과도한 소셜 미디어 플랫폼 사용은 우리를 더 충동적으로 만들고, 우울하고 불안하게 만든다는 사실을 밝혀왔어요.

육아에 관한 콘텐츠들을 보고 있자면 마음이 따뜻해질 때보다는 마음이 조여들 때가 더 많습니다. 다섯 살에 꼭 해야 할 것들, 혹은 하지 말아야 할 것들. 3학년까지 반드시 읽어야 할 책들. 학군지에 사는 열 살 아이의 사교육 스케줄. 오늘 사지 않으면 가격이 오른다는 육아용품들까지. '내 말을 듣지 않으면 큰일난다'고 말하는 사람들과 '나는 이렇게 잘 살고 있다'고 과시하는 콘텐츠들이 우리를 불안하게 만듭니다. 어제까지만 해도 ㄱ ㄴ ㄷ 만 따라 써도 기특했던 나의 아이는 긴 글을 줄줄 쓰는 다른 아이의 영상을 보는 순간 못마땅한 존재가 되어버립니다. '이렇게 뒤처져서 어떡하지? 학교 가서 못 따라가는 것 아니야?'라는 불안은 "그것도 똑바로 못 써!"라는 화로 불쑥 튀어나옵니다.

부모는 누구보다 아이의 미래를 걱정하고 염려합니다. 하지만 가끔은 걱정과 염려의 크기가 너무 커져서 불안과 두려움이 되기도 하지요. 불안과 두려움은 눈앞의 문제를 너무 크게 보이게 만들고, 문제를 해결하지 못할 때의 두려움을 증폭시키고, 결국 소리치거나 아이를 강하게 비난하면서 빠르게 이 문제를 없애려고 달려들게 만들죠. 나의 불안을 아이에게 화로 쏟아내고 있는 것은 아닌지 돌아보세요.

결국 중요한 것은 무엇에 에너지를 쓰고 있는지를 의식적으로 살펴보는 것입니다. 정말 필요한 것은 잘 챙기고 있는지, 쓸데없는 곳으로 에너지가 줄줄 새고 있지는 않은지 말이에요. 화내지 않겠다는 다짐도 좋지만 적어도 화를 다스릴 만한 상태에서 다짐을 해야 소용이 있는 법입니다. 나를 먼저 돌봐주세요. 몸과 마음을 잘 관리하는 부모는 더 행복하고, 쉽게 화내지 않습니다.

다음의 체크 리스트에 답하며 화의 역치를 낮추는 요인을 한번 찾아보세요.

화의 역치 체크리스트

	자기 성찰 질문	답변 체크
1	하루에 충분한 수면을 취하고 있나요? (WHO 권장 하루 7~9시간)	◌
2	규칙적인 수면 습관을 갖고 있나요?	◌
3	수면에 방해되지 않는 커피 섭취를 하고 있나요? (하루 1~2잔 이내, 개인마다 다름)	◌
4	규칙적으로 운동을 하고 있나요?	◌
5	규칙적으로 야외 활동을 하고 있나요?	◌
6	규칙적으로 식사를 하고 있나요?	◌
7	하루에 충분한 물을 마시고 있나요? (WHO 권장 하루 8~10컵)	◌
8	매일 신선한 야채와 과일을 섭취하고 있나요?	◌
9	나의 마음은 괜찮은가요? 과도하게 우울하거나 불안하지 않은가요?	◌
10	아이와 함께 있는 시간에는 스마트폰 사용을 통제하고 있나요?	◌
11	수면 1시간 이전에는 스마트폰을 내려놓고 잘 준비를 하나요?	◌
12	SNS 사용 시간을 적절하게 조절하고 있나요?	◌

화에서 빠르게 벗어나는 기술

화는 우리 모두가 느끼는 자연스러운 감정으로, 이를 억누르기보다는 건강하게 표현하는 것이 중요합니다. 화를 건설적으로 표현하면 부모인 나 자신의 스트레스가 해소될 뿐 아니라, 부모로서의 자신감도 얻을 수 있어요. 적절하게 화를 내는 것은 나를 보호하는 경계를 설정하고 존중받을 권리를 챙기는 과정이에요. 이를 통해 부모는 아이들에게 화를 잘 내는 법을 가르칠 수 있어요.

소리 지르거나 협박하고 싶은 마음이라도 일단 이 악물고 꾹 참는 것이 소용이 있을까요? 저의 대답은 '그렇다'입니다. 빠르게 멈출수록 효과가 좋습니다. 그렇기 때문에 화가 난 내 모습을 미리 알고 있는 것이 좋아요. 숨이 가빠지고 가슴이 오르내리며 씩씩대는 것이 나의 화내는 모습이라는 것을 알고 있으면, 씩씩대기 시작할 때 바로

'아, 내가 지금 화가 나려고 하는구나'라고 인식하는 거죠. 몇 초의 알아차림 과정만 있어도 변화는 시작됩니다.

한번 아드레날린이 분출되고 화에 휩싸이면 그 여파는 짧게는 10~20분, 길게는 며칠씩 가기도 합니다. 그러니 화가 너무 크게 나기 전에 초기 단계에서 알아차리고 잠시 멈추는 연습을 하면 많은 도움이 됩니다.

"그런데 잘 안 돼요."

맞아요. 쉽지는 않습니다. 처음에는 빠르게 화를 인식하고 행동을 멈추는 것이 어려울 수 있습니다. 심호흡을 하려고 했지만 씩씩대는 것처럼 보이기도 하고, 3분을 기다렸다가 이야기했지만 다시 벌컥 성이 날 수도 있죠. 혹은 서너 번은 잘 참았지만 다섯 번째가 되자 더 이상 참지 못하고 크게 소리를 치게 될지도 몰라요.

하지만 분명한 것은 연습할수록 나아진다는 것이고, 더 중요한 것은 부모가 노력하는 모습을 보여주는 것도 의미 있는 배움이라는 것입니다. 부모의 감정 조절이 좀 미숙할지라도 아이는 '아, 화가 나려고 할 때 저렇게 진정하려고 노력해볼 수 있구나'라는 것을 배웁니다. 그리고 이후 대화를 통해 엄마, 아빠도 가끔 소리치고 싶을 때, 발을 쿵쿵 구르고 싶을 때, 문을 쾅 닫고 싶을 때가 있지만 그것이 우리 모두를 놀라고 두렵게 만들기 때문에 그러지 않으려고 노력하는 중이라고 알려주면 됩니다.

모든 것을 배우는 데는 그만한 시간과 노력이 필요합니다. 그러니 오늘은 잠시만 멈추는 데서 시작하면 충분합니다.

버럭을 다스리는 STS 테크닉

화가 치밀어 오를 때 잠시 멈추는 것에 성공했다면, 그다음에는 화를 빠르게 다스리는 데 도움이 되는 STS 테크닉을 사용해볼 수 있습니다. STS는 공간(Space), 시간(Time), 지원(Support)의 약자입니다. 이 테크닉은 분노가 폭발할 것 같은 순간에 분노의 진행에 제동을 걸고, 자동으로 나오는 버럭 행동을 통제하는 데 도움이 됩니다.

+ 공간(Space)을 분리해 거리를 둔다

화가 올라오는 것을 느끼고 잠시 멈추었다면 공간을 만들어 감정을 조절할 수 있도록 해보세요. 물리적 공간일 수도 있고, 정신적 공간일 수도 있어요.

아이가 방을 치우겠다고 해놓고 치우지 않아 화가 났다고 생각해 봅시다. 그때는 방문에서 장난감들을 가리키며 "도대체 언제 다 치울 거야?" 하고 핀잔을 주기보다는 아이를 거실로 불러서 '방 안을 굴러다니는 장난감들'을 보지 않고 이야기하는 것이 더 낫습니다. 거실에서 아이들이 싸우고 있는 소리에 화가 난다면 부엌으로 이동해 물을 한 잔 마신 뒤에 아이들을 불러 갈등을 해결하는 것을 도와줄 수도 있지요. 공간을 분리할 수 없다면 눈을 감고 심호흡을 한 뒤에 다시 눈을 뜨고 대화를 하면 정신적인 공간을 활용할 수 있어요.

만약 아이와 함께 있어서 더 화가 난다면 아이와 분리된 공간으로 가서 화를 식히고 돌아옵니다. 가능하다면 나가서 5분이라도 산책을 하고 오면 기분을 전환하는 데 많은 도움이 됩니다. 특히 조금 빠른 속도로 걷는 걸 추천드려요. 투쟁-도피 반응으로 쿵쿵대는 심장과 높아진 혈압, 주먹에 들어간 힘을 빠르게 소진시키고 짜증나는 마음을 풀어낼 수 있는 분노 조절 테크닉입니다.

아이 앞에서 눈 꾹 감고 심호흡을 하거나 화가 났다며 자리를 잠시 비우는 것이 아이에게 상처가 되거나 오히려 무섭게 보이지 않을까 하고 염려하는 분들도 계세요. 조금은 그럴지도 모르죠. 하지만 그 자리에서 분노가 폭발하여 소리를 지르는 것보다는 낫다고 생각해요. 이유를 꾸며내거나 대화를 피하지 말고 있는 그대로 솔직하게, 간단하면서도 부드럽게 알려주세요.

이것은 공격적인 화 표출 방법인 '무시하기'와는 다릅니다. 화가 나서 소통을 단절시키는 것이 아니라 마음을 가다듬기 위해 잠깐 공간을 멀리했다가 다시 돌아오는 것이니까요. 처음에 아이는 그 의미를 명확하게 이해하기 어렵고, 따라서 부모가 화가 나서 자신을 두고 가버린다고 느낄지도 몰라요. 그럴 때는 아이가 알아들을 수 있도록 설명하고, 잠시 거리를 두기 위해 가장 좋은 방법이 무엇일지 아이와 함께 상의해보세요. 그리고 '다시 돌아온다'는 것을 꼭 알려주시고요.

- **자리를 비우는 이유 설명하기:** "엄마가 지금 화가 많이 나서, 차분하게 이야기하기 어려운 것 같아. 조금 시간을 갖고 대화할 준비를 해서 다시 올게."

- **다시 돌아올 것을 약속하기:** "아빠가 잠깐 화장실에서 생각을 정리하고 돌아올 거야. 꼭 돌아올게."

- **기다리는 동안 할 수 있는 활동 제공하기:** "엄마가 다녀오는 동안 토끼 인형에게 밥을 먹여줘. 토끼가 당근을 다 먹고 낮잠을 자면 우리 둘이 다시 이야기하자."

- **각자의 자리 정하기:** 거실이나 식탁에 각자의 자리를 정해두고 앉습니다. 너무 가까이 붙거나 벌떡 일어서 내려다보며 아이에게 화내는 것을 방지할 수 있습니다.

- **아이의 감정을 인정하기:** "엄마가 눈에 안 보이는 것이 무섭구나. 그러면 엄마가 방에 들어가진 않을게. 대신 잠시 식탁에 앉아 있으면 어때? 그러면 눈에 보이지?"

아이가 처음부터 잘 기다리기는 어려울 수 있어요. 하지만 이유를 잘 설명하고 아이가 잘 기다릴 수 있는 적당한 환경을 만들어준다면 아이는 감정 조절을 위해 거리를 두는 것도 좋은 방법이라는 것을 배울 수 있을 거예요.

+ 잠깐의 시간(Time)을 갖는다

화가 났을 때 바로 말을 하거나 행동을 시작하지 않고 시간을 갖고 감정을 가라앉히거나 어떤 말을 할지 생각해보는 것입니다. 투쟁-도피 반응은 빠른 행동을 목표로 합니다. 행동에 브레이크를 걸고 반응 속도를 조절하는 연습을 하면 좀 더 나은 행동을 선택할 가능성이 높아질 거예요. 결정을 천천히 내려보세요. 아이에게 보복성 체벌이나 처벌(예: 게임 시간 빼앗기)을 하고 싶은 마음이 들 때 바로 결정하지 않고 미루는 것은 많은 도움이 됩니다.

아이가 학교 숙제를 잊어버려 화가 났다고 생각해봅시다. 이 순간에 바로 말하기 시작하면 아이를 비난하며 실망을 표현할 가능성이 높습니다. 그리고 이 일에 대한 책임을 묻기 위해 아이에게 벌을 내릴지도 모르지요. "오늘 안에 다 하지 못하면 게임 시간은 없을 줄 알아!" 하고 으름장을 놓습니다.

바로 결론을 짓지 말고 "그래? 숙제를 잊어버려서 어떡하지? 한번 생각해보자"라고 이야기한 뒤에 아이가 답을 찾아볼 기회를 주세요. 내 속에서 화가 부글부글 끓는다면 "엄마(아빠)는 부엌에서 그릇을 마저 정리하고 있을게. 내가 돌아오면 네가 생각한 것을 알려줘" 하고 공간을 만든 뒤에 시간을 벌면 됩니다. 아래의 시간 두기 전략을 메모해두고 화가 날 때 사용해보세요.

- **카운트다운:** 가장 쉽게 사용할 수 있는 방법은 속으로 숫자를 세는 것입니다. 짧게는 10부터 길게는 100까지. 바로 말을 하려는 충동을 참기 어렵다면 속으로 숫자를 세어보세요.

- **심호흡하기(7/11, 세븐일레븐):** 세븐일레븐 기법으로 심호흡을 하면서 시간을 보내면 빠르게 진정하는 데 도움이 됩니다. 잠시 반응을 멈추고 상황보다는 호흡에 주의를 기울입니다. 7까지 빨리 세면서 숨을 들이마시고, 11까지 빨리 세면서 숨을 내쉽니다. 들숨과 날숨 사이에 잠시 숨을 참았다가 내뱉는 것도 좋습니다. 이것을 1분간 반복하면 됩니다. 아이도 흥분해 있다면 함께하면 효과가 좋습니다. 막상 화가 났을 때 심호흡을 하려면 잘 되지 않을 수 있어요. 평소에 많이 연습해서 익숙해지면 화났을 때도 활용해볼 수 있을 거예요.

- **시각 정보 활용하기:** 즉각적인 반응을 멈추고 기다리는 것이 어렵다면 무언가를 바라보는 데 집중해보면 좋습니다. 예를 들면 시계의 초침이 한 바퀴를 도는 것을 바라볼 수도 있고, 창문 밖의 구름이 지나가는 것을 볼 수도 있습니다. 좀 더 적극적으로 시각 정보를 활용하고 싶다면 1분이나 3분짜리 작은 모래시계를 구입해두고 화가 날 때 모래시계의 모래가 떨어지는 것을 바라볼 수 있습니다. 흥분한 아이와 함께 시도하기에도 좋은 방법입니다.

- **음악 듣기:** 5분, 10분과 같은 시간 단위는 추상적이고 아이에게나 부모에게나 잘 와닿지 않습니다. 음악을 1~2곡 듣는 것은 좋은 대체제가 됩니다. 마음이 편안해지는 음악이나 좋아하는 노래를 들으면서 박자 혹은 가사에 집중해보세요.

- **생각 적기:** 생각나는 대로 바로 말하기보다는 종이에 적어보세요. 말로 하는 것보다 글로 적는 것이 시간도 더 오래 걸릴 뿐 아니라 쓴 내용을 다시 눈으로 훑어보며 내가 하려고 하는 말이나 결정이 부당한 것은 아닌지 점검하기에 좋아요.

✢ 혼자 감당하기 어려울 때는 지원(Support)을 받는다

감정은 꼭 나 혼자 감당해야 하는 것이 아니에요. 만약 주변에 도움을 청할 사람이 있다면 도움을 청해도 괜찮습니다. 어떤 종류의 지원이 필요한지, 누구에게서 그 지원을 받을 수 있는지 생각해보고 화를 감당하기 어려울 때 도움을 요청해보세요.

첫째, 아이와 잠시 떨어져 있기 위해 필요한 지원을 받으세요. 배우자와 함께 있다면 잠시 아이를 살펴보도록 부탁하고 밖으로 나가거나, 아이가 쏟아놓은 화분을 정리하는 동안 아이와 함께 나가서 30분 동안 놀고 오라고 이야기하세요. 물론 내가 부탁하지 않아도 배우자가 나를 배려해주면 좋겠지만, 기다리고 있을 필요는 없어요. "휴, 나 지금 너무 화가 나서 소리 지를 것 같으니까 10분만 아이 좀 봐줘. 나가서 머리 좀 식히고 들어올게"라고 명확하게 필요한 지원을 이야기하는 편이 훨씬 효과적이에요.

주변의 친구나 이웃, 혹은 급할 때 고용할 수 있는 베이비시터를 알아두세요. 회사 일이 바쁜데 아이가 갑자기 아프다거나, 내가 몸이 안 좋아서 아이를 챙기기 어렵다면 혼자서 모든 일을 떠안고 애쓰다가 버럭 화를 내는 것보다는 적극적으로 도움을 받을 수 있다는 사실을 잊지 마세요.

둘째, 화나는 마음을 터놓을 사람을 만드세요. 내 말을 듣고 나를 비난하거나 탓하지 않고 있는 그대로 들어줄 수 있는 사람이 주변에 있는지 생각해보세요. “아이가 며칠째 밤잠을 안 자서 울음소리만 들어도 미쳐버릴 것 같아. 도로 배 속에 집어넣어버리고 싶네”라고 말해도 괜찮은 사람이요. 그렇게 말해도 관계가 깨어지지 않을 거라고 신뢰할 수 있는 사람, 나를 이상하게 보기보다는 “그래, 그럴 때가 있지. 밥은 챙겨 먹었어?”라고 해줄 사람. 친구나 가족, 혹은 온라인 상의 육아 동지도 좋아요. 만약 마음 놓고 대화할 사람이 없다면 상담을 제공하는 전문가에게 솔직한 감정을 이야기하는 것도 좋아요.

세 번째로 야외 활동을 함께할 모임에 참여하세요. 매일 햇빛을 쬐고 일정량의 신체 활동을 하는 것은 수면을 안정화시키고 정신 건강을 끌어올려요. 하지만 아이와 함께 매일 밖에 나가는 것이 언제나 수월하진 않죠. 약속된 모임이 있으면 좀 더 수월해집니다.

저는 서하가 어렸을 때는 ‘꼬마 걷기 여행(Tiny Treks)’이라는 비영리단체의 프로그램에 참여했어요. 인솔하는 선생님이 어린아이를 데리고 갈 만한 트레일을 소개하고, 계절과 식생에 대한 이야기를 들려주었지요. 재미있는 프로그램이기도 했지만 아이와 함께 밖에 나가 운동을 할 좋은 구실이기도 했고, 프로그램이 끝난 뒤에도 공원에 남아 다른 가족들과 어울리며 어른들끼리 대화를 나누는 휴식이 되기도 했어요. 몸을 움직이면 아이도 어른도 기분이 고양되기 때문에 화가 덜 나는 하루를 보낼 수 있어요.

마지막으로 육아가 아니라도 받을 수 있는 도움은 많이 있어요. 육아를 다른 사람과 나눌 수 없다면 휴가 계획이나 일주일 식단 짜기 등 정신적 에너지 소모를 많이 필요로 하는 일을 다른 사람과 나누세요. 배우자가 집에 없어 육아를 분담할 수 없다 하더라도 이런 일은 도움을 받을 수 있습니다. 혹은 유료로 제공되는 서비스를 적극 활용하세요. 생필품을 정기적으로 배달해주는 서비스나 샐러드 배달 서비스로 에너지를 절약해보세요. 청소나 집정리와 같은 신체 에너지를 소모하는 일 역시 도움을 받을 수 있어요. 물론 비용을 지불해야 하는 부담이 있긴 하죠. 장기간 도움을 받기가 어렵다면 지금 당장의 과부하를 줄여줄 지원만 조금 받아도 정신 건강을 유지하는 데 도움이 될 거예요.

화가 날 때 잠시 멈추는 것, 그리고 멈춘 다음 분노와 흥분을 진정시키는 STS 테크닉은 간단하고 유용하지만 하루아침에 잘할 수 있게 되지는 않습니다. 메모지에 적어 냉장고에 붙여놓거나 휴대폰 화면에 저장해두고 틈틈이 보면서 머릿속으로 상상하며 연습해보세요. 상상을 통한 연습만으로도 화를 진정시키는 데 필요한 뇌 영역들이 활성화되어 점점 튼튼해진답니다. 그럼 실전에서도 더 잘 쓸 수 있을 거예요.

화에 휩싸이지 않고 할 일을 하는 연습

자, 불같이 끓어오르는 분노를 잠재우는 연습을 했다면 이제 훈육 장면에서 감정에 휩싸이지 않고 해야 할 일을 제대로 하는 연습을 해봅시다. 이때 가장 중요한 것은 바로 호기심입니다. 화라는 감정을 호기심을 갖고 대하는 거예요. 그 감정이 나에게 알려주려는 것이 무엇인지에 집중해보세요.

화의 정의로 돌아가볼까요? 화란 '의도적으로 나에게 해를 가한 대상에 대한 강한 불쾌감, 불편함, 반발심의 감정'입니다. 화는 우리에게 경고 신호를 보내면서 자신을 지키기를 원합니다. 변화를 원하는 거죠. 따라서 우리는 화가 났을 때 '나의 경계가 침범당했거나 위해를 느낀다'는 것을 역으로 추적할 수 있습니다. 내가 어디에서 불쾌감을 느끼는지 찾아보면 나에게 무엇이 중요한지, 그리고 내가 어떤 변화를 원하는지를 이해하는 데 도움이 됩니다.

우리가 부모로서 훈육을 통해 아이를 이해하고, 문제를 찾아보고, 문제를 해결하도록 가르쳤듯이, 이제는 우리 자신을 가르칠 시간입니다. 우리는 '버럭'을 조목조목 뜯어 분석하고, 없앨 것은 없애고 고칠 것은 고쳐 새로운 행동으로 바꾸어나갈 거예요. 이 과정은 하루아침에 이루어지지 않을 것이고, 최소 몇 달의 노력이 필요합니다. 하지만 그만한 가치가 충분히 있지요.

화의 원인을 찾기 위한 버럭 일기 쓰기

우리는 이제부터 나 자신에게 묻고 답하는 시간을 가질 거예요. 나에게 물어볼 질문은 간단합니다.

"나는 왜 화가 났을까?"

이 감정이 어디에서 오는지를 찾아보세요. 감정의 원인을 찾고, 문제를 해결하는 것입니다.

버럭의 원인을 찾기 위해서는 충분한 데이터가 필요합니다. 우선은 데이터를 수집하는 것부터 시작합시다. 제가 권하는 방법은 일주일 이상 나 자신을 관찰하며 '버럭 일기'를 써보는 것입니다. 과거를 반추하며 질문에 답을 해볼 수도 있지만 화가 난 순간, 혹은 화를 느낀 당일 밤에 바로 작성하는 것이 더 많은 도움이 됩니다.

바쁜 일정이 없고 평범한 일상이 예상되는 주간을 골라 버럭 일기를 씁니다. 버럭 일기에는 네 가지 정보를 기록합니다.

첫째는 버럭 시간입니다. 날짜(요일 포함)와 시각은 물론이고 특이사항, 예를 들면 아이가 아팠다거나, 미팅이 가장 많은 날이라거나 하는 상황적 특징도 포함시킵니다. 이 데이터는 나에게 자주 버럭 사건이 발생하는 외부적 요소를 알려줍니다. 둘째는 버럭 상황입니다. 화가 난 상황에 대해 기술합니다. 화가 나게 된 시점의 과거부터 기술하여 나의 감정이 발전하는 과정을 적습니다. 세 번째는 주관적 경험입니다. 감정, 느낌, 신체적 변화, 행동적 변화 등을 적습니다. 이 데이터는 화를 경험할 때 내 모습을 파악하는 데 사용합니다. 네 번째는 나의 생각입니다. 그 당시에 들었던 생각과 이후에 남아있는 기억 등을 적습니다. 이 데이터는 나의 화가 어디에서 비롯되었는지 추적하는 데 가장 중요한 단서를 제공합니다.

아마 처음에는 자세하게 쓰는 것이 어색할 거예요. 하지만 몇 번 쓰다 보면 나의 경험을 기술하는 것이나, 당시의 생각을 떠올리는 것에 조금씩 익숙해집니다. 우선 일주일 동안 써본 다음, 데이터가 더 필요하다면 1~2주 더 진행해서 데이터를 모으세요. 버럭 일기를 모았다면 나의 버럭 패턴을 찾고, 향후 계획을 세우면서 나의 행동을 조금씩 바꾸어보겠습니다.

버럭 일기 예시

버럭 시간 (날짜, 요일, 시각, 특이 사항)	버럭 상황 (왜 화를 냈는가)	주관적 경험 (나의 신체적, 행동적 변화)	나의 생각 (당시 든 생각, 기억)
예1: 월요일 아침 7시 30분	등원 준비를 하는데 아이가 옷을 입지 않음. 여러 번 이야기해도 듣지 않고 장난감을 갖고 놀아서 화가 남. 나갈 시간 5분 전이 되어서야 움직이는 것을 보고 더 화가 나서 소리 지름.	– 나가야 할 시간이 다가올수록 점점 초조함. – 차근차근 준비할 수 없고 우왕좌왕하게 됨. – “빨리빨리 하라고 그랬지!”라고 소리 지름. – 꾸물대는 아이의 등을 현관문 쪽으로 밈.	– 좀 더 일찍 일어났으면 이런 일이 없을 텐데. 그러게 깨울 때 좀 일어날 것이지. – 유치원에 가기 싫어서 일부러 늑장을 부리는 거 아니야? – 몇 번을 불러도 계속 자동차만 갖고 놀고, 자동차를 다 갖다 버리고 싶네.
예2: 수요일 오후 4시	아이에게 간식을 줬는데 또 과자를 먹겠다며 투정을 부려서 화가 남.	– 한숨을 크게 쉼. – 간식 그릇을 탁 소리가 나게 세게 내려놓음. – “그래서 안 먹어? 싫으면 먹지 마!”라고 차갑게 말함. – 간식을 먹은 뒤 아이가 책을 읽자고 불렀지만 못 들은 척함.	– 매일 과자만 찾는 것 같은데 왜 그러는 걸까? 습관이 되어버린 걸까? – 내가 너무 오냐오냐해서 아이가 버릇없는 건 아닐까? 따끔하게 혼내야 할까? – 먹고 싶어하는데 어차피 줄 거 그냥 마음 편하게 줄걸 그랬나? – 과자를 못 먹게 하다가 나중에 더 집착하면 어쩌지?

버럭 조절 4단계:
화를 훈육으로 전환하기

충분한 데이터를 모았다면 이제 분석의 차례입니다. 세 가지 분석 질문과 한 가지 계획 질문에 답하며 버럭을 건강한 화 표현으로 바꿀 거예요.

✢ 1단계. 버럭 트리거 분석하기

자주 화내는 문제, 혹은 상황은 무엇인가요? 충분한 버럭 일기를 모았다면 먼저 나의 화 패턴을 분석해볼 거예요. 반복적으로 일어나는 패턴이 있는지 살펴보고 나의 화를 부추기는 요인을 찾아냅니다. 이 요인들을 '버럭 트리거(trigger)'라고 부르겠습니다. 아래와 같은 버럭 트리거들을 고려해보세요.

- **내가 자주 화를 내는 시간대가 있나요?**

  예 아침 시간, 자기 전, 월경 기간, 주간 미팅 전날, 운동을 하지 않은 날, 일요일 저녁이나 월요일 아침 등

- **내가 반복해서 화를 내게 되는 상황이 있나요?**

  예 아이가 밥을 잘 먹지 않을 때, 집 안이 지저분할 때, 아이를 막 재웠는데 남편이 늦게 들어오면서 아이가 다시 깰 때 등

- **아이가 특정 말이나 행동을 하면 내가 갑자기 화내는 경우가 있나요?**

  예 "엄마랑 안 놀아! 아빠 저리 가!"라고 소리칠 때, 아이가 노려볼 때, 아이가 문을 쾅 닫고 들어갈 때 등

데이터가 쌓일수록, 우리의 버럭을 부추기는 트리거를 찾아서 줄여봅시다. 화를 부르는 트리거를 최소화시키면서 화내는 상황을 줄이는 전략입니다. 화를 참는 것은 어려운 일이기 때문에 "화내지 말자!"라는 다짐은 반복적으로 실패하기 십상이고, 결과적으로 나의 감정을 다스릴 수 있다는 자신감을 잃게 됩니다. 불필요한 화는 줄이는 것이 효율적인 접근이에요.

버럭 트리거의 해결책을 생각하기 위해서는 트리거를 두 가지로 나누어봅시다. 하나는 내가 통제할 수 있는 것입니다. 통제할 수 있는 버럭 트리거는 없애거나 영향력을 줄이도록 합니다. 만약 저녁에 피로한 몸으로 지저분한 집안을 치우는 것이 힘들어서 자주 화를 내게 된다고 가정해봅시다. 밤에 빨래를 건조대에 널어두고 아침에 일어나자마자 정리하거나, 저녁 식사 전에 일차로 거실의 장난감들을 치우는 식으로 일과를 조정하며 밤 시간에 느끼는 부담의 크기를 통제하는 것이 가능합니다. 자꾸 화를 내게 만드는 상황을 없애거나 줄임으로써 버럭 사건을 조절할 수 있습니다.

어떤 버럭 트리거들은 내가 통제할 수 없습니다. 이때는 '예측'이 중요합니다. 여성 중에는 월경 주기에 따라 기분이 달라지는 분들이 많습니다. 월경전 증후군(PMS)으로 과민, 불안, 우울 등의 증상이 나

타나거나 월경통으로 컨디션이 저조하여 쉽게 화가 날 수 있죠. 증상이 너무 심하다면 의사와 상의해보고, 그렇지 않다면 내가 나를 돌봐야 합니다.

자연의 리듬을 내가 통제하기란 어렵습니다. 하지만 예측하고 대비하는 것은 가능하죠. 월경 주기를 추적하는 어플을 사용해 월경일을 예측하고, 미리 반찬이나 간편식을 준비하고 몸이 좋지 않은 기간에는 야외 활동이나 약속을 줄이도록 조정하세요. 몸이 힘들다는 것은 '돌보아달라'라는 메시지입니다. 억지로 이겨내려다 화내지 말고 나를 잘 돌보는 게 좋습니다.

분명한 시기를 예측하지 못해도 괜찮습니다. 예를 들면, 아이가 아플 때를 정확히 예측할 수는 없지만 그때 무엇이 필요할지는 예측할 수 있습니다. 아이가 아플 때 바로 내어줄 식사 메뉴와 밖에 나가지 못하는 날 하루쯤은 너끈히 놀 수 있는 실내 놀이 리스트를 미리 준비해두세요. 옷장 속에 새로운 장난감을 하나 숨겨놓는 것도 좋아요.

내가 통제할 수도, 예측할 수도 없는 것은 어떻게 해야 할까요? 아이가 갑자기 떼를 쓴다거나, 마음에 들지 않는다며 물건을 던지는 것은 내가 지금 당장 통제할 수 있는 일은 아닙니다. 장기적으로는 아이가 떼를 쓰거나 던지지 않고 의사를 표현하도록 가르쳐줘야 좋겠지만, 지금 가르쳐준다고 해서 아이가 당장 척척 해낼 수는 없잖아요. 이 사실은 받아들이고 돌파해야 합니다. 버럭 일기 예시에서 쓴 것처럼 아침 등원 준비 시간에 조급함을 느껴서 화가 난다는 것을 발견했다면 준비 전에 심호흡을 하여 마음을 가다듬고, 준비 중에 화가 나면

나의 버럭 트리거 분석하기

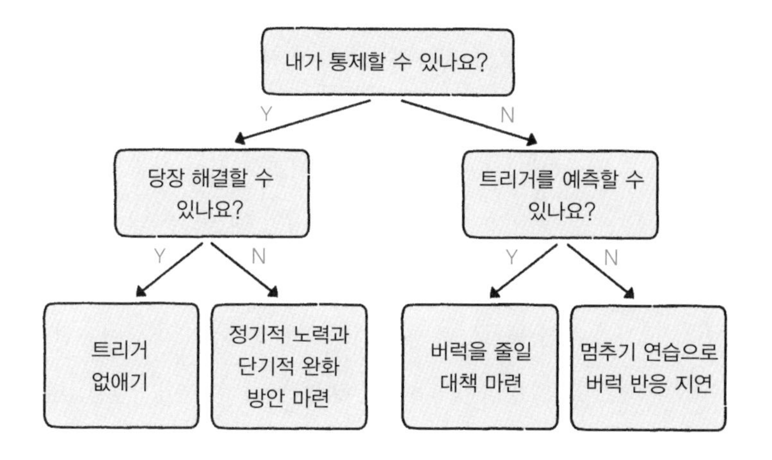

STS 테크닉으로 마음을 진정시킨 뒤에 아이와 이야기하는 연습을 해 볼 수 있습니다.

트리거 사이의 연관성이 있을 수도 있습니다. 예를 들면, 회사의 주간 미팅 전 날(트리거1) 아이가 자기 싫다고 투정을 하면(트리거2) 화가 많이 나는 것입니다. 아마도 미팅에 대한 부담감이나 아이를 빨리 재우고 미팅 준비를 시작하려는 조급함이 있기 때문이겠지요? 주간 미팅의 존재는 내가 통제할 수 없습니다. 하지만 예측이 가능하죠. 매주 목요일에 주간 미팅이 있다면 수요일 밤에는 나의 마음이 초조할 수 있다는 것을 예측할 수 있습니다.

여러 가지 해결책을 떠올려보세요. 가장 간단한 것은 수요일 밤에는 배우자에게 아이 재우는 역할을 넘겨주는 것입니다. 불가능하다면 수요일 오후에 아이에게 운동 수업을 시키세요. 어린이 농구 교실 같은 것이요. 아마 평소보다 피곤하니 빨리 잠들 거예요. 그것도 불가능하다면 추가 업무 시간을 밤이 아닌 아침 일찍으로 바꾸세요. 아이와 함께 일찍 잠든 다음, 아침에 일찍 일어나 미팅 준비를 마치고 맑은 정신으로 출근하는 거예요. 아니면 아이가 혼자서 잠들도록 수면 습관을 만들 수도 있고요. 그 외에도 창의적인 해결책은 얼마든지 만들어낼 수 있습니다.

이것도 저것도 다 불가능하게 느껴지고, 변화할 수 없는 이유만 자꾸 떠오른다고요? 그렇다면 '나 지금 괜찮은가?'로 돌아가세요. 변화가 불가능한 것이 아니라 변화할 힘이 없는 것일지도 몰라요.

✢ 2단계. 버럭 신호 알아차리기

나의 버럭 신호는 무엇인가요? 내가 화가 났을 때 겪는 변화는 무엇인가요? 버럭 일기에서 내가 화났을 때 보이는 변화들을 모아 버럭 신호를 발견합니다. 심장이 두근거리거나 혈압이 상승하는 것은 곧바로 알아차리기 어려울 수 있습니다. 대신에 주먹을 말아쥔다거나, 눈을 감고 한숨을 푹 내쉰다거나, 눈썹을 찌푸리며 팔짱을 끼는 등의 '행동'은 좀 더 알아차리기 쉬워요. 버럭 일기에서 내가 화났을 때 자주 하는 말과 행동을 발견해보세요. 잘 모르겠다면 배우자, 친구 등 나와 가까운 사람에게 물어보세요. 아이에게 물어봐도 좋고요. 아이와 함께 이야기하며 각자의 버럭 신호를 찾아보는 것도 추천합니다.

버럭을 다스리기 위해서는 알아차리는 것이 우선입니다. 버럭 신호는 '이 상황에 내가 화를 내고 있구나'라는 것을 나에게 알려줄 중요한 정보입니다. 내가 화났을 때 경험하는 것들 중 초기에 먼저 경험하는 것이 있다면 그것이 가장 중요한 버럭 신호입니다. 얼굴이 더워지거나 주먹을 꽉 말아쥐게 되는 것 등은 초기에 등장할 가능성이 높습니다.

신체적 신호는 행동적 신호와 연결되기도 합니다. 숨이 가빠지기 때문에 한숨을 쉬게 되고, 열이 오르기 때문에 부채질을 합니다. 몸에 힘이 들어가기 때문에 벌떡 일어서거나 쿵쿵거리며 걷게 되는 식입니다. 만약 행동적 신호는 알 수 있지만 신체적 신호는 잘 모르겠다면 내가 하는 행동의 이유를 한번 곱씹어보세요. 나의 신호를 잘 이해할수록 버럭을 초기에 잡을 수 있습니다.

+ 3단계. 버럭 생각 알아차리기

내가 화났을 때 떠올리는 비합리적인 생각은 무엇인가요? 화는 인지적 평가가 중요합니다. 우리가 아이에게 화가 나는 가장 큰 이유는 우리가 이 상황을 부정적으로 평가하기 때문입니다. 이제부터는 내가 자주 화내는 상황을 하나 골라 나의 생각을 분석할 차례입니다. 버럭일기를 살펴보며 버럭 상황을 하나 골라주세요. 그 상황을 다시 떠올리며 머릿속에 떠오르는 생각들을 모두 적어봅니다. 나 혼자 보는 것이니 필터를 거치지 않은 날것의 생각을 그대로 쓰시면 됩니다.

나의 생각을 모았다면 차분한 마음으로 하나씩 들여다보면서 그 당시 나의 마음을 이해해봅니다. 그리고 비합리적인 생각들을 반박

나의 버럭 신호 체크리스트

	버럭 신호				그 외 버럭 신호 적기
행동적 신호	일어선다	☐	문을 쾅 닫는다	☐	
	주먹을 꽉 쥔다	☐	물건을 세게 내려놓는다	☐	
	얼굴에 부채질을 한다	☐	물건을 던진다	☐	
	팔짱을 낀다	☐	쿵쿵대며 걷는다	☐	
	허리에 손을 얹는다	☐	목소리를 높인다	☐	
	노려본다	☐	소리를 지른다	☐	
	한숨을 쉰다	☐	비난하는 말을 한다	☐	
	얼굴을 가린다	☐	횡설수설한다	☐	
	몸을 흔든다	☐	신체적 폭력을 사용한다	☐	
	인상을 쓰고 화난 표정을 짓는다	☐	상대방에게 행동을 강제한다	☐	
	상대와 눈을 마주치지 않는다	☐	화난 일과 관련없는 일에 몰두한다	☐	
	대화를 차단하고 사람을 피한다	☐			

신체적 신호	심장이 빠르게 뛴다	☐	눈물이 난다	☐	
	숨이 가쁘다	☐	머리가 아프다	☐	
	가슴이 답답하다	☐	뒷목이 저릿하다	☐	
	얼굴이 뜨겁고 열이 오른다	☐	몸이 떨린다	☐	
	미간을 찌푸린다	☐	손바닥(신체 부위)에 땀이 난다	☐	
	이를 꽉 물거나 턱에 힘이 들어간다	☐	잘 안 보이거나 잘 안 들린다	☐	
감정적 신호	기분 나쁘다	☐	무기력하다	☐	
	짜증난다	☐	불안하다	☐	
	지긋지긋하다	☐	긴장된다	☐	
	도망치고 싶다	☐	두렵다	☐	
	답답하다	☐	걱정된다	☐	
	자존심이 상한다	☐	좌절감을 느낀다	☐	
	상처받았다	☐	죄책감이 느껴진다	☐	
	외롭다	☐	무시당한 기분이다	☐	
	인내심이 바닥난다	☐	모욕을 당한 기분이다	☐	

합니다. 한 가지 주의할 점은 '따뜻하고 다정하게' 반박해야 한다는 것입니다. 나 자신을 폄하하진 마세요. 솔직하게 나를 들여다보는 것은 용감한 일이에요. 힘들어하는 것은 위로하고, 잘 모르는 것은 배우고, 어려워하는 것은 도와주겠다는 마음으로 반박하는 거예요. 아래는 흔하게 일어나는 비합리적 생각들이에요. 나의 생각을 살펴보며 비합리적인 요소들을 찾아봅시다.

- **과도한 일반화:** 하나의 사건이나 상황을 모든 경우로 확대해석합니다. '항상' '매일' '절대'와 같은 말이 등장할 때를 주의하세요.

  예 어제 선물 받은 장난감을 마저 조립하고 싶어서 숙제를 나중에 하겠다는 아이에게 "숙제 하라고 하면 항상 제때 하는 법이 없지. 매일 미루기만 해서 정말 큰일이야."

아이는 숙제를 오늘 미룬 것이지 매일 미룬 것이 아닙니다. 설사 어제도 미루었다고 해도 과거의 사건들과 오늘을 연결시켜 일반화하면 문제는 더 크게 보입니다. 더 고치기 어려울 것처럼 느껴지면서 걱정되고 두렵습니다. 아이에게도 '게으른 아이'라는 부정적 라벨이 붙게 됩니다. 과거와 미래는 잠시 내려놓으세요. 오늘의 숙제를 제때 마치는 것에만 집중해 이야기하세요.

- **극단적 사고:** 흑이 아니면 백이라는 생각입니다. 중간 지점이 없이 완벽하지 않으면 모두 실패라고 생각하는 경우를 조심하세요. 극

단적인 사고방식은 재앙화(Catastrophizing, 실제보다 훨씬 더 부정적이고 극단적으로 해석하고 예측하는 비합리적 사고방식)로 이어지기도 합니다. 불안감은 부정적인 면을 크게 부풀리고, 생각을 재앙화하면서 분노를 부추깁니다.

예 수학 점수가 안 좋은 아이에게 "너는 좋은 대학 가기는 영 글렀어! 나중에 사람 구실을 어떻게 하려고 그래?"

수학 점수가 안 좋다고 해서 수학에 실패한 것은 아니며, 초등학교 때 수학 점수가 좋지 않다고 10년 뒤에 대학을 못 가는 것도 아닙니다. 좋은 대학을 안 나온다고 해서 사람 구실을 못 하지도 않아요. 차분히 생각해보면 나도 다 알고 있는데, 화가 나면 왜 이렇게 말이 나오는 걸까요? 최악의 경우로 생각이 내달리는 분들은 이 패턴을 꼭 고치는 게 좋아요. 아이에게도 나에게도 좋지 않거든요. 그리고 주변을 둘러보세요. 나에게 이런 생각을 심어주는 누군가가 있는 것은 아닐까요? "초3까지 수학을 잡지 못하면 대학에 못 간다!"고 외치는 사람을 멀리하세요.

- **아이에 대한 비현실적인 기대:** 아이에게 비현실적인 기대를 하고, 그 기대에 미치지 못하면 화를 냅니다. '당연히 ~해야지'라는 생각이 떠오를 때를 주의하세요.

  예 수학 점수가 안 좋은 아이에게 "두 달 동안 공부를 했으면 당연히 성적이 올라야지. 비싼 학원비 내고 다녀놓고 이것도 틀리는 게 말이 돼?"

당연한 것은 없습니다. 모든 아이는 달라요. 우리 아이만의 속도를 봐야 해요. 만약 기대에 못 미치는 결과가 나왔다면 과정을 돌아보며 다음에 어떻게 하면 발전할 수 있을지 찾아보면 돼요. 그래야 힘을 내서 다음에 또 도전할 수 있어요.

- **나에 대한 비현실적인 기대:** 가끔은 나 자신에 대한 기대가 너무 높아서 화가 나기도 합니다. 모든 것을 다 잘하는 부모, 완벽한 부모가 되려고 하고 있진 않나요? 우리는 누구나 완벽할 수 없고, 완벽한 부모가 되려는 목표는 항상 실패하게 됩니다.

  예 퇴근이 늦어져 아이를 늦게 데리러 갔을 때 "난 형편없는 엄마야. 벌면 얼마나 번다고 아이를 어두울 때까지 기다리게 하지? 일이라도 제대로 하든가. 아니면 애라도 잘 보든가. 난 왜 제대로 하는 게 하나도 없을까?"

그렇지 않아요. 회사 일도 내 마음대로 되지 않을 때가 있고, 아무리 내가 낳은 자식이라도 내 마음대로 되지 않아요. 내가 제대로 하지 않아서 그런 것이 아닙니다.

- **아이에 대한 과도한 통제 욕구:** 부모가 아이의 행동을 정해두고, 아이는 부모의 지시를 따라야 한다고 생각합니다. 부모가 정한 대로 행동하지 않으면 통제감을 상실했다고 받아들이며 화가 납니다.

  예 9시에 자기로 규칙을 정했는데 아이가 9시 30분까지 자지 않은 경우, "왜 엄마 말을 안 들어? 9시에 자기로 했잖아."

아이가 잠드는 시간은 나도 아이도 마음대로 통제할 수 없습니다. 잠이 안 오는데 잠들 수는 없기 때문이죠. 우리가 규칙으로 정할 수 있는 것은 아이가 '할 수 있는 행동'뿐입니다. 9시까지 거실을 정리하고 침실로 들어가는 것은 규칙이 될 수 있지만 아이가 잠드는 순간이 몇 시 몇 분인지는 우리가 정할 수 없습니다. 내가 통제할 수 없는 것까지 좌우하려고 하는 것은 아닐까 잘 생각해보세요.

- **부정적 의도 가정하기:** 아이의 행동이 부정적인 의도를 갖고 있다고 가정합니다. 특히 부모의 권위에 도전하거나 반항하고 있다는 가정을 하는 경우를 조심하세요.

  예 씻으라고 불러도 장난감에 집중하느라 대답이 없는 아이에게 "왜 내 말을 무시하는 거야. 부모를 우습게 아는군."

아이는 장난감에 정신이 팔려 부르는 소리를 듣지 못한 것뿐입니다. 내 말을 무시하려고 일부러 한 행동은 아닐 거예요. 아이가 의도적으로 부모를 무시하는 일은 별로 없어요. 아직 어려서 잘 모르거나 잘 못할 뿐이죠. '아이고, 장난감이 얼마나 재미있으면 듣지도 못하고 푹 빠졌을까?' 하고 바라봐주세요. 아이를 불러도 답이 없다면 내가 가서 어깨를 톡톡 두드리면 됩니다. 잊지 마세요. 아이는 부모를 사랑한답니다.

- **권위에 대한 잘못된 열망:** 화는 우리에게 힘을 주기도 합니다. 우리

가 무섭게 화를 낼 때 상황이 빨리 해결되고, 아이에게 같은 것을 여러 번 가르치는 것보다 힘으로 굴복시키는 것이 더 효과적인 것처럼 보일 수 있어요. 화를 내기 위해 화를 내는 악순환에 빠지게 됩니다.

예 "꼭 화를 내야 말을 듣지! 너 이리 와! 내가 오늘 아주 정신을 똑바로 차리게 해줘야겠어."

오늘 모든 것을 다 해결해야 하는 것은 아닙니다. 오늘 내가 소리를 지르고 호되게 혼내 아이의 행동을 바꾸었다면 그것은 아이에게 진짜 배움이 아닙니다. 부모의 힘에 굴복한 것뿐이죠. 훈육에 대한 생각을 정비하세요.

나의 생각을 들여다보니 어때요? 왜 그렇게 참을 수 없이 화가 났는지 조금은 이해가 되나요?

이 생각의 패턴은 적어도 수년간 반복해온 것이기 때문에 하루아침에 없애기는 어려울 거예요. 하지만 이렇게 글로 적어 나의 생각을 돌이켜보고, 비합리적이고 비현실적인 생각을 조금씩 합리적이고 현실적인 생각으로 따뜻하게 고쳐나가다 보면 나의 화도 조금씩 줄어드는 걸 분명 느낄 수 있을 거예요. 그러니 너무 많이 욕심내지 말고 오늘은 딱 하나만 골라서 고쳐보도록 해요.

생각을 고치는 연습도 앞에서 다룬 습관 만드는 과정과 비슷합니다. 내가 고치고 싶은 생각을 하나 콕 집어서, 다른 문장으로 갈아 끼우는 거예요. '불러도 듣지도 않고, 부모 말을 우습게 알지!'라는 생각을 자주한다면 그 생각 뒤에 바로 '아니야. 일부러 무시하는 게 아니라 노는 데 정신이 팔린 거야. 놀이를 마칠 시간이라는 것을 연습시키자'라고 반박의 생각을 붙이는 거예요. 자연스럽게 머릿속에 떠오를 때까지 나에게 친절한 목소리로 좋은 생각을 들려주세요.

✢ 4단계. 버럭 없는 훈육 계획

같은 상황이 다시 찾아왔을 때 내가 해야 할 일은 무엇인가요? 우리의 목표는 그냥 화를 안 내는 것이 아니라 아이에게 가르쳐야 할 것을 잘 가르치는 것이잖아요. 버럭은 다스리고, 훈육 목표도 달성하는 계획을 세워봅시다. 오늘 이후에 똑같은 상황이 벌어졌을 때 어떻게 하면 좋을지 미리 정하는 거죠. 네 가지로 나누어 생각해봅니다. 상황, 생각, 대화, 행동입니다.

- **상황:** 우선은 발생할 것으로 예상되는 상황을 정리합니다. 버럭 일기에 반복적으로 등장한 상황을 간단하게 정리해보세요.

- **생각:** 생각이란 나 자신에게 하는 말입니다. 지금까지 해왔던 비합리적인 생각 대신, 이 상황을 잘 헤쳐나갈 수 있도록 나 자신에게 어떤 말을 하는 것이 좋을지 미리 적어보세요.

- **말:** 아이에게 무엇을 말해야 하나요? 아이와 한 팀이 되어 이 상황을 잘 해결할 수 있도록 아이에게 해야 할 말을 미리 적어보세요.

- **행동:** 이 상황이 닥쳤을 때 내가 나에게, 혹은 아이에게 해야 할 행동을 계획합니다. 여러 행동을 계획해두고 때에 따라 적절하게 사용합니다.

버럭 없는 훈육 계획 1

아직 잘 못하는 행동을 가르칠 때

'대체 왜 이렇게 말을 안 듣지?'라고 생각해서 화가 날 때, 사실은 아이가 나의 지시를 따르지 않는다기보다는 아직 아이가 해당 행동을 잘하지 못하는 것일 가능성이 높아요. 대표적인 예시가 바로 아침 등원, 혹은 등교 시간이죠. 시간은 촉박한데 아이가 꾸물거리는 모습에 재촉을 하다 보면 결국 화가 나는 경험, 누구나 있으시죠?

재윤이네 집도 그렇습니다. 매일 아침마다 전쟁이에요. 재윤이 엄마는 아침마다 아이를 재촉하다가 결국 "빨리 해!" 하고 소리를 지릅니다. 아이에게 시간에 맞춰 유치원에 가야 한다는 것을 가르치는 것은 중요하죠. 성실하게 약속을 지키는 것은 중요한 가치니까요. 하지만 그러기 위해서는 한 번에 하나씩 연습해서 익숙해지는 과정이 필요해요.

물론 미리 계획을 세워놔도 화가 날 때도 있죠. 재윤이 엄마는 화가 나면 인상을 쓰고 한숨을 쉬며 팔짱을 껴요. 그러다 언성이 높아지지요. 우리는 '팔짱'을 중요한 신호로 사용합니다.

- 등원 시간에 화가 날 수 있음을 미리 인지하고
- 등원 시간에 팔짱을 끼면 속으로 '아, 화가 나고 있구나'라고 생각한 다음
- 어깨를 펴서 몸의 긴장을 풀고, 심호흡을 합니다.
- 화가 더 나는 것 같다면 "바지 입고 현관으로 나와"라고 지시한 뒤 아이의 방을 떠납니다.

매일 아침 이것을 반복하면서 아침 시간에 행동 패턴을 새롭게 만들어갑니다. 심호흡이 잘 되지 않으면 스트레칭으로 바꾸거나, 화장실에 가서 선크림을 바르며 다른 곳으로 주의를 돌려보는 것도 좋습니다. 나에게 잘 맞는 행동을 새롭게 갈아 끼우면서 이 상황을 점점 잘 다루어가는 것이 목표입니다.

상황	생각(나 자신에게 하는 말)
아침에 등원 준비를 해야 하는데, 옷 입는 시간이 오래 걸릴 때	1. 당장 빠르게 옷을 입기는 아직 어렵지. 아직 배우는 중이니까 괜찮아. 2. 내가 소리 지르거나 짜증을 낸다고 재윤이가 옷을 잘 입게 되는 건 아니야. 3. 오늘도 즐겁게 연습하도록 충분히 기회를 주자.
대화(아이에게 하는 말)	**행동(나와 내 아이에게 할 행동)**
1. 재윤아, 오늘은 날씨가 좀 덥대. 반팔을 입자. 빨간색 티셔츠를 입을까, 아니면 하얀색 티셔츠를 입을까? 2. 10분 뒤에 버스를 타러 나갈 거야. 이제 옷 입을 시간이야. 3. 엄마가 양말에 발을 끼워주면 재윤이가 끝까지 쭉~ 올려봐. 하나, 둘, 셋, 쭉~!	1. 20분 더 먼저 준비 시작하기 2. 함께 날씨 확인하고 티셔츠 고르기 3. 티셔츠와 바지는 스스로 입도록 기다려주기 4. 양말(아이가 가장 어려워하는 것)은 힘을 합쳐 신기 5. 화날 때 잠시 멈추고 거실로 나가기 6. 모두 다 입으면 하이파이브 하고 신나게 현관으로 행진하기

버럭 없는 훈육 계획 2

밤이 늦을수록 화가 날 때

아이와 신나게 놀아주고, 저녁도 맛있는 음식 요리해서 잘 차려주고, 씻기고 입히고 눕히기까지 했는데 꼭 자기 전에 "얼른 안 잘 거야!" 하고 화내게 되는 경우가 있죠? 아마 아이도 나도 고된 하루를 보내고 지쳤기 때문일 거예요.

희주는 잠드는 것을 어려워합니다. 피곤할 것이 분명한데도 바닥을 굴러다니고 발로 이불을 뻥뻥 차거나, 끊임없이 조잘대며 말을 겁니다. 희주 아빠는 온종일 열심히 일했고 이제는 쉬고 싶어요. 그런데 아이가 칭얼대고, 계속 말을 시키다 보니 한두 번 받아주다 보면 슬슬 짜증이 납니다.

반복되는 시간에 나오는 버럭은 그 시간을 재정비하며 해결하세요. 아이의 수면은 내가 통제하기 어려워요. 가족 모두가 규칙적으로 수면 시간을 지키고, 아이가 낮에 충분한 신체 활동을 해서 적당한 피로감을 느끼며 쉽게 잠들 수 있도록 돕는 것만이 가능하죠. 빨리 자라고 화내는 것보다는 아이에게 쉬는 법을 알려주고, 나도 휴식을 취하는 것을 선택하세요.

희주 아빠는 피로를 못 이겨 먼저 잠이 듭니다. 가물가물 잠들려는 찰나 희주가 굴러다니다 발로 아빠를 찹니다. 흠칫 놀란 아빠는 버럭 성이 납니다. '몸을 건드리는 것'이 버럭 트리거라는 점을 기억하고 이것을 방지해보세요.

이것은 단순하지만 아이들에게 부모와 자신의 영역을 구분하도록 가르치는 방법이에요. "밤 = 쉬는 시간"이라는 규칙을 세우고, 서로가 서로의 휴식을 존중하도록 알려주면 아이들도 이해할 수 있을 거예요. 희주가 자기 자리로 돌아가면 "아빠가 편하게 잘 수 있게 도와줘서 고마워" "희주도 자기 자리에 잘 누워 있네. 많이 컸구나"라고 긍정적인 방향을 지지해주세요.

상황	생각(나 자신에게 하는 말)
아이가 밤잠을 안 자고 칭얼댈 때	1. 지금은 아이에게 잠드는 방법을 알려주는 시간이야. 2. 아이 하고 이야기하는 것이 힘든 걸 보니 오늘은 내가 피곤해서 빨리 쉬고 싶은 날이구나. 오늘도 수고가 많았다, 나 자신. 3. 편안한 마음으로 잠드는 것도 중요하니까 아이에게 사랑한다고 말해주고 오늘은 내가 먼저 잠드는 게 낫겠어.
대화(아이에게 하는 말)	**행동(나와 내 아이에게 할 행동)**
1. 잠은 우리가 조용하게 기다릴 때 오는 거야. 어디까지 왔을까? 잠이 올 수 있게 우리 잠시 기다리자. 2. 더 놀고 싶구나. 그런데 밤은 모두가 쉬는 시간이야. 해님도 집에 갔지? 캄캄할 때는 모두 쉬는 거야. 3. 아빠도 쉴 테니까 우리 희주도 쉬도록 해. 바로 잠들지 않아도 괜찮아. 4. 희주도 잘 자고 예쁜 꿈 꿔. 사랑해.	1. 수면 환경 점검하기 (온도, 습도, 밝기, 소음 등) 2. 방으로 들어가기 전에 집안일 최대한 마무리하고 거실 불 끄기 3. 아이와 함께 누워서 심호흡하며 이완 연습하기 4. 계속 아이와 말씨름하지 않고 인사를 나누며 함께, 혹은 먼저 잠을 청하기

- 한 방에서 자더라도 희주 자리와 부모님 자리를 분명하게 구분합니다.
- 희주와 부모님 사이에 물리적인 경계를 만듭니다. (예: 다른 침대 사용하기, 사이에 베개 놓기 등)
- 자기 전에 충분히 안아주고, 잘 때는 각자 쉬는 것임을 알려줍니다.
- 마음이 편안한 날을 골라 아이가 부모님의 자리를 침범할 때마다 "여긴 아빠 자리야"라고 알려주며 본인 자리로 돌아가도록 여러 번 연습합니다.

버럭 없는 훈육 계획 3

아이의 행동이 불편해서 화가 날 때

아무리 사랑하는 아이라도 아이의 행동이 나에게 불편을 끼치는 것은 피할 수 없습니다. 특히 아이가 하는 행동 중에는 유독 나와 맞지 않는 것들이 있을 거예요. 누구나 그런 부분이 있기 마련이에요. 그럴 때는 이 말을 기억하세요.

화를 호기심으로 전환하기

이 상황에서 사용할 수 있는 효과적인 전략은 내가 왜 화가 나는가에 대해 호기심을 갖는 것입니다. 분명 어딘가에 나를 불편하게 하는 요소가 숨어 있을 거예요. 깔끔하게 집을 관리하는 부모는 식사 시간에 음식을 흘리는 행동이 불편할 것이고, 소리에 민감한 부모는 아이가 물건을 쾅쾅 때리며 노는 것이 불편합니다. 요리할 때 아이가 부엌에서 뛰어다니면 아이가 다칠까 봐 불안해서 신경이 날카로워지는 부모도 있습니다. 이렇게 자주 화가 나는 상황에서는 두 가지를 찾아봅니다.

- 나를 불편하게 하는 것
- 아이가 원하는 것

그다음에는 아이가 원하는 것을 내가 불편하지 않은 방식으로 이룰 수 있는 방법을 찾는 거예요. 아이의 '유능감'과 '연결감'을 높이는 의사소통 능력을 키워주는 것이죠. 아이와 부모는 한집에 사는 사람들로 서로 이해하고 맞춰가는 과정이 필요합니다.

민주는 서로 부딪히고 잡아당기는 몸싸움을 좋아합니다. 신나면 크게 소리를 지르기도 하고, 물건을 쿵쿵 부딪히거나 바닥에서 데굴데굴 굴러다니는 것도 재미있어합니다. 민주 엄마는 몸이 부딪히는 것을 유독 싫어하고요. 하지 말라고 했는데도 민주가 계속 옷을 잡아당기면 화가 납니다. 민주가 아기일 때는 대부분 민주의 의사에 맞추어 함께 놀아주었지만 이제는 조금씩 다른 사람의 입장을 이해할 나이가 되었습니다. 내가 재미있는 것을 남들도 재미있어하지는 않는다는 것, 그리고 상대방이 싫다는 의사를 표현하면 그만 해야 한다는 것도 배울 필요가 있지요.

상황	생각(나 자신에게 하는 말)
아이가 장난으로 몸을 부딪힐 때	1. 화를 호기심으로 전환하기. 내가 지금 왜 화가 날까? 2. 나는 몸으로 부딪히는 것이 아프고 불편하구나. 3. 아이는 부딪히는 놀이를 원하는구나. 4. 두 가지가 조화되는 해결책은 뭘까?
대화(아이에게 하는 말)	**행동(나와 내 아이에게 할 행동)**
1. 엄마는 잡기 놀이는 괜찮은데 몸으로 부딪히는 건 아파서 싫어. 2. 부딪히지 않고 살짝 치는 것만 할 수 있어? 한번 해봐. 3. 부딪히는 놀이는 아빠랑 해야 해. 아빠가 올 때까지 기다렸다가 하자. 4. 그럼 엄마 말고 쿠션에 부딪혀봐. 쿠션 몬스터 무찌르기 놀이를 해볼까?	1. 살짝 치는 잡기 놀이 연습하기 2. 아이와 쫓고 쫓기는 것에 더 초점을 맞추어 놀기 3. 자꾸 몸으로 부딪힌다면 잡기 놀이를 그만두고 집으로 가기 4. 쿠션을 쌓아두고 점프해서 몸을 부딪히는 놀이를 혼자 하도록 유도하기

아이의 성장에서 놀이는 매우 중요합니다. 그리고 아이가 반복적으로 하는 놀이는 대개 아이가 편안해지는 데 필요한 감각 자극의 추구와 발달에 필요한 운동 연습인 경우가 많습니다. 따라서 아이가 원하는 놀이는 가급적 자연스럽게 할 수 있게 해주는 것이 좋습니다. 하지만 나를 불편하게 하는 것을 참고 참다가 결국 분노를 폭발시키는 것은 좋은 방향이 아닙니다. 아이가 내적 욕구를 다른 사람과 잘 어우러지는 방향으로 표현할 수 있도록 도와주세요.

만약 아이가 계속 나의 요구를 무시해서 화가 난다면 나를 보호하기 위해 맞서도 괜찮습니다. 이 순간은 아주 좋은 교육의 기회입니다. 우리 아이가 놀이터나 기관에 가서 다른 아이와 비슷한 상황에 처한다면 어떻게 행동하기를 바라는가를 떠올려보세요. 그리고 그대로 본보기를 보여주시면 됩니다.

아이가 자꾸 머리카락을 잡아당긴다면 부드럽게 아이의 손을 제지하고, "그렇게 하면 아파. 그만해"라고 말합니다. 또다시 행동을 반복하면 일어서서 한 발짝 멀어집니다. "자꾸 머리카락을 잡아당기면 엄마는 같이 소꿉놀이를 할 수 없어. 그건 재미있는 놀이가 아니야." 머리카락을 당기지 않겠다는 약속을 하고 놀이로 돌아갑니다. 그럼에도 또다시 그런 행동을 한다면 놀이를 접습니다. "오늘은 소꿉놀이를 그만해야겠어. 엄마가 아프고 싫다고 하면 그만해야 돼. 엄마가 다치게 되니까 이제 이 놀이는 안 할 거야."

민주는 울 수도 있고, 다시 안 그럴 테니 더 놀자고 애원할 수도 있고, 화를 낼 수도 있습니다. 어지간해서는 모두 괜찮습니다. 결국 아이들은 배워야 합니다. 다른 사람의 머리카락을 당기면 안 된다는 것, 다른 사람을 아프게 하면 계속 놀기 어렵다는 것을요. 이를 통해 친구가 나를 아프게 하거나 싫어하는 장난을 그만두지 않을 때는 맞서야 하고, 가끔은 그 자리를 떠나는 것도 좋은 방법이라는 것을 배우게 됩니다. 화라는 감정이 때로는 너를 지켜준다는 것을 알려주는 거예요. 그것을 염두에 두고 아이의 미래를 위해 좋은 행동을 보여주세요.

그리고 아이들은 내일 또 기회가 주어진다는 것을 배워야 합니다. 언제나 용서하고 내일 또 기회를 주세요. 똑같은 말이라도 또 알려주세요. 가급적 화내지 말고요. 만약 오늘 내가 화를 냈다면 나 자신도 용서하고 다시 기회를 주세요. 실수해도 다시 배울 수 있고, 조금씩 노력하면서 내일 더 나아질 거예요.

멋진 어른이 되는 마법의 말 3가지

처음 훈육에 대해 제대로 생각하기 시작했을 때는 첫째가 두 살 반쯤 되었을 때입니다. 둘째가 태어나고 얼마 지나지 않은 시점이었지요. 그 이전에는 아이와 나 단둘이 있는 상황이 많았기에 충분히 알려주고, 함께 놀아주며 가르치는 데 어려움이 없었습니다. 문제는 동생이 태어나자 첫째를 차분히 앉아 다독이며 알려줄 시간이 부족해지고, 어린 동생을 다루는 법을 잘 모르는 서하에게 가르칠 것은 많아졌다는 것입니다.

그러다 보니 저도 쉬운 방법을 선택하게 되더군요. "하지 마! 하지 말랬지!"라고 외치는 것. 몇 번을 그렇게 말해도 소용이 없으면 화가 나기 시작합니다. 이 상황을 빨리 끝내고 싶은 조급함과 어린아이들을 돌보느라 항상 피로한 나의 바닥난 에너지가 화를 부추깁니다. 머릿속으로는 이러면 안 된다는 것을 알면서도 불쑥 올라오는 화가 버겁습니다. 그럴 때는 나의 나이와 아이의 나이를 생각해보았습니다.

"나는 이 집의 어른이야"

아이는 두 살이고, 나는 서른두 살입니다. 우리 사이에는 30년의 나이 차가 있으며, 나는 이 아이의 부모입니다. 당장에 엄청나게 멋진 훈육을 하지는 못하더라도, 이 말을 되뇌는 것만으로도 도움이 됩니다. 나는 이 집의 어른입니다. 아이의 보호자이고, 양육자이고, 부모입니다. 나는 아이의 안전 기지입니다.

아이가 소위 '문제' 행동을 할 때는 더 나은 행동을 할 줄 모르거나 이 상황을 감당하기 어렵기 때문일 가능성이 높습니다. 아이가 부모와 힘겨루기를 한다거나, 부모 관심을 끌기 위해 일부러 나쁜 행동을 하니 무시하라는 식의 조언은 도움이 되지 않습니다. 아이는 부모와 힘을 겨루지 않습니다. 아이는 부모를 괴롭히지 않습니다. 아이는 부모가 필요할 뿐입니다.

부모는 아이에게 동생을 때리면 안 된다는 것, 식당에서 시끄럽게 소리 지르면 안 된다는 것도 가르쳐야 하지만 그보다 더 중요한 것은 아이에게 안전한 존재여야 한다는 것입니다. 나는 어른입니다. 쓸데없이 아이랑 싸우지 말고 내가 해야 할 일을 하세요.

몸을 숙이고 앉아 아이의 눈을 바라보세요. "무슨 일이니?"라고 물어보세요. 동생을 때린 이유를 설명하도록 하고, 사과하도록 가르치고, 다음에 더 나은 행동을 고를 수 있도록 알려주세요. 소리 지르는 아이를 번쩍 들고 밖으로 나가서 아이가 피곤한지, 지루한지, 자리가 불편한지 물어보세요. 품에 안아주고 진정하도록 도와주세요. 아이와 적이 되어 싸우지 말고, 내 품으로 오면 너는 안전하다고 말해주세요. 안아주고 또 안아주세요. 부모의 눈을 보고 이야기하며 지루함이 옅어지고, 부모의 품에서 피로함을 위로받으면 아이는 다시 조용히 앉을 수 있을 거예요.

"나는 너를 혼자 두지 않아"

반복되는 문제 앞에서 부모는 종종 약해집니다. 도저히 어떻게 해야 할지 모르겠다는 생각이 들 때나, 그냥 포기하고 싶을 때가 있을 거예요. 모르는 척하고 싶고, 아이를 두고 가고 싶고, 협박을 해서라도 이 문제를 당장 없애고 싶을 때 말이에요.

"너 자꾸 이러면 두고 간다."

"한 번만 더 그러면 장난감 다 갖다 버릴 거야."

"됐어. 더 말할 것도 없어. 방으로 들어가."

한번 생각해보세요. 이 말들이 무엇을 의미하는지. 아이를 문제 안에 두고 가겠다는 의미입니다. 이 문제를 감당하기가 힘들어서 포기하고 아이의 책임으로 미루겠다는 의미입니다. 마치 작고 어린아이에게 혼자 책임질 능력이 있다는 듯이 말이에요. 그건 아이 입장에서 너무 슬프지 않을까요?

부모도 잘 모르는 것이 있기 마련입니다. 당장 좋은 해결책이 생각나지 않아도 괜찮아요. 이 문제를 빨리 해결하지 않으면 눈덩이처럼 불어날까 봐 겁이 나지요? 그렇지 않을 거예요. 당장 해결하지 않아도 괜찮으니, 아이를 내버려두고 도망치지 마세요.

대신 아이의 눈을 바라보며 이렇게 이야기하세요.

"나는 너를 혼자 두지 않아"

서하는 처음에 동생을 매우 예뻐했어요. 그런데 동생이 배밀이를 시작하고, 놀고 있을 때 다가와 오빠의 장난감이며 옷이며 잡아당기고 침을 묻히기 시작하자 기겁을 했죠. 말도 통하지 않으니 동생에게 장난감을 던졌어요. 가까이 오지 말라는 뜻이죠. 서하를 붙잡고 알려주기도 하고, 엄하게 혼내기도 하고, 벽 앞에 세워놓고 타임아웃을 시켜보기도 했어요. 하지만 아무것도 소용이 없었어요.

처음으로 훈육이라는 것에 대해 생각해보게 되었어요.

'왜 좋다는 훈육법들이 다 소용이 없을까. 이상하다. 이렇게 하면 된다고 했는데.'

서하의 눈을 잘 들여다보았어요. 거기에는 어떤 문제도 없었고, 그저 어린아이가 있었지요. 변화가 혼란스럽고, 동생에게 공격당하는 것 같아 불안하고, 엄마에게 혼나고 혼자 구석에 세워져 슬픈 아이요.

그래서 육아서나 육아 전문가들이 말하는 전통적 의미의 훈육을 그만두었습니다.

"서하야, 동생을 때리거나 물건을 던지면 안 된다는 것을 알고 있지? 그런데 아는 대로 잘 안 돼서 힘들지?"

"엄마도 지금 당장 이 문제를 없앨 수 있다면 그렇게 해주고 싶은데 잘 안 되네. 아직 잘 모르겠어."

"하지만 엄마는 이 문제를 포기하지 않을 거야. 너를 여기에 혼자 두고 가는 일은 없어."

"유하랑 서하랑 엄마랑 셋이서 같이 재미있게 놀자. 우리는 할 수 있어. 너는 좋은 아이야."

이 말을 들은 서하는 매우 안심했습니다. 표정에서 두려움과 긴장이 사라졌고, 이걸 하고 놀자, 저걸 하고 놀자며 금세 기분이 좋아졌지요. 그 뒤의 '훈육법'은 자세하게 기억이 나지 않습니다. 우리는 더 이상 문제 행동을 두고 씨름하지 않았거든요.

유하는 곧 '얌냠이 몬스터'라는 별명을 얻었습니다. 아무거나 다 먹는 귀여운 아기 몬스터입니다. 아직 어려서 먹을 수 있는지 없는지 구분을 못 하지요. 유하가 다가와 서하의 옷을 먹으면 서하는 "얌냠이 몬스터가 나타났다" 하고 외쳤습니다. 그럼 제가 가서 얌냠이에게 치발기를 물려주었지요.

서하는 금세 이 방법을 배웠습니다. 블록을 만들면 동생 몫도 하나 만들어 쥐어주고 자신의 놀이를 시작했습니다. 유하가 기어다니기 시작하자 얌냠이 괴물은 '철거용 쇠구슬(Wrecking Ball)'로 진화합니다. 뭐든 부숴버리거든요. 일부러 높이 높이 블록을 쌓고 유하를 부릅니다. 유하가 부술 때마다 잘한다고 응원합니다. 서하가 책을 읽을 때면 유하는 옆에서 책을 두드리거나 쌓아둔 책을 떨어뜨립니다. 서하는 동생과 공존하는 법을 배웠고, 놀이에 끼워주는 방법을 찾아갔습니다. 유하도 집안에서 무슨 일이 벌어지고 있는지 훨씬 잘 이해하게 되었고요. 유하가 아장아장 걸을 때쯤에는 훌륭한 놀이 상대가 되었습니다.

우리는 아이에게 삶의 경계를 가르쳐야 합니다. 그리고 동시에 문제를 해결하는 법을 가르쳐야 합니다. 그러기 위해서는 일단 문제에서 도망치지 않는 법을 알려줘야 하지 않을까요? 당장 해결책이 없다고 해도, 아이를 혼자 두고 도망치지 마세요.

"미안해"
후회하고 사과하며 발전하기

그럼에도 불구하고 우리는 버럭 성을 내는 날이 있을 겁니다. 화를 낼 때는 분명 아이의 잘못이 크게 보이고, 내가 화내는 것이 당연한 것 같았는데 그 시간이 지나고 나면 아이는 너무 작아 보이고, 어른답게 대처하지 못한 나 자신이 실망스럽죠. 그럴 때면 후회가 찾아옵니다. 잠든 아이를 바라보며 '아까 그러지 말았어야 했는데'라고 생각하죠. 후회는 씁쓸합니다.

후회는 고등 인지 기능입니다. 후회는 '~했더라면' 혹은 '~하지 않았더라면'과 같은 가정적 사고를 할 수 있어야 가능하기 때문이에요. 똑똑한 존재만이 할 수 있지요. 이미 소리 지른 것은 주워 담을 수 없습니다. 아이의 눈물도 그렇고요. 그 사실은 부모를 마음 아프게 하지만 쓰디쓴 후회의 감정은 우리를 발전시킬 수 있습니다.

후회의 과정에서 중요한 역할을 담당하는 뇌 영역은 안와전두피질입니다. 이 영역이 손상된 환자들은 후회를 느끼지 못한다고 합니다. 이 영역은 사회 정서적 활동과 학습, 의사결정 등 다양한 인지 기능에 참여하는데요. 특히 행동의 가치를 학습하는 데 중요한 역할을 합니다. 안와전두피질은 상황이나 특징을 고려해 행동의 결과를 예측합니다. 뇌는 예측한 결과와 실제 결과를 비교하며 갖고 있는 정보를 꾸준히 업데이트합니다. 이를 통해 다음에는 더 좋은 선택을 할 수 있지요. 이 기능은 외부에서 새로운 정보를 얻어, 행동을 수정하고 조정하는 적응적 학습에 핵심적인 능력입니다.

후회는 적응적 학습을 촉진시킵니다. 후회는 실제 행동의 결과가 좋지 않다는 것을 파악하고, 그 당시를 머릿속에서 재구성함으로써 실제보다 더 나은 선택이 무엇인가를 다시 생각할 기회를 제공합니다. '아까 아이에게 소리를 지르지 말았어야 했는데'라는 사고는 '그렇다면 더 나은 선택은 무엇이었을까? 다음에 같은 실수를 하지 않으려면 나는 무엇을 해야 할까?'라는 고민으로 우리를 이끌어줍니다.

다니엘 핑크의《후회의 재발견》에서는 다양한 후회의 방법들을 소개합니다. 우리를 부정적 상념에 허우적대게 만드는 후회가 아닌, 더 발전하여 좋은 사람으로 거듭날 수 있게 하는 후회의 방법들이요. 저는 그중에서 이 방법을 가장 권하고 싶습니다. 바로 '실행 취소'입니다. 이미 벌어진 행동을 바로잡는 것이죠.

가장 쉬운 실행 취소의 방법은 사과입니다. 《후회의 재발견》에서는 사회학자 어빙 고프먼의 말을 인용했습니다. 사과란 "상대로부터 용서받기 위해 바람직하지 않은 사건에 대해 자신이 비난받을 만하다는 사실을 인정하고 후회하는 것"이라고요. 그렇습니다. 사과는 후회에서 옵니다.

종종 자녀에게 사과하는 것을 어려워하는 분들도 계세요. 사과하는 것이 부모의 권위를 잃어버리는 행동이라고 느끼거나, 부끄럽고 자존심 상하는 일처럼 받아들이기도 하죠. 그렇지 않아요. 사과는 자신의 잘못을 있는 그대로 바라보고, 상대방을 이해하며, 상처 입은 관계를 회복하는 과정이에요. 정직하고 마음이 강한 사람만이 할 수 있지요.

사과하는 법을 잘 모르겠다고요? 간단해요. 아이에게 부모가 잘못한 것을 솔직하게 이야기하세요. 아이가 받은 상처를 이해한다고 말해주세요. '네가 너무 말을 안 들어서'와 같은 변명은 덧붙이지 마시고요.

"엄마가 소리 지른 것이 무서웠지? 맞아. 그랬을 거야. 그건 잘못된 선택이었어. 미안해."

"아빠가 너를 게으르다고 말해서 미안해. 그건 너를 비난하는 말이었어. 그렇게 말하면 안 되는 거였는데. 너에게 상처 주는 말을 해서 미안해."

그리고 잘못을 개선하기 위한 노력을 하는 거예요. 감정 조절 방법을 연습하고, 훈육 계획을 실천하면서 점점 더 나아지는 모습을 보여주세요.

6장 아이의 뇌를 깨우는 현실 훈육 상담

마음대로 안 되면 울고 떼를 써요

18개월 규영이는 '떼쟁이'입니다. 자기 마음대로 되지 않으면 울고불고 떼를 쓰지요. 한참 나가서 노는 재미에 맛이 든 규영이는 아침이면 밖에 나가자고 떼를 씁니다. 아침밥도 먹고, 옷도 입고, 신발도 신고, 가방도 챙겨야 나갈 수 있는데, 정작 옷 입기에는 협조하지 않고 잠옷을 입은 채로 현관에 서서 신발에 발을 구겨 넣으며 "나가~ 나가~" 하고 소리만 지르지요.

부랴부랴 챙겨서 나가면 다음에는 들어오는 것으로 실랑이입니다. 이제 그만 집에 가자고 하면 놀이터가 떠나가라 울면서 안 간다고 떼를 쓰지요. 미끄럼틀에 올라가 내려오지 않아서 한껏 몸을 수그리고 잡으러 다니기도 하고요. 간식을 먹겠다고 할 때 안 된다고 하면 울고, 장난감을 치우고 자러 가자고 하면 울고요.

집 안에서는 그나마 괜찮아요. 모처럼 가족들끼리 나간 주말 나들이에서 집에 안 간다며 드러누워 발버둥까지 치면 규영이 부모님은 등에 식은땀이 흐릅니다. 어떻게 해야 할까요?

새로운 육아 세계에 입성한 것을 환영합니다. 우리 아이가 훌쩍 컸다는 뜻입니다. 아이가 더 어렸을 때는 아마도 칭얼거리거나 울어도 안아서 달래면 해결되었을 거예요. 0세 아이들의 울음은 주로 불편함에서 오는 것이기 때문에 먹이거나, 재우거나, 옷을 갈아입히는 등 아이의 불편을 해결하면 울음이 잦아듭니다. 이때의 울음은 표현에 가깝습니다.

아이가 걷기 시작하고 조금씩 자신의 의지가 강해지면 부모가 "안 돼"라는 말을 할 때 자지러지게 울곤 합니다. 1~2세 훈육에서 이야기했던 분노 발작입니다. 이는 발달 단계에서 자연스럽게 나타나는 것이고, 아이에게 특별히 문제가 있거나 부모에게 반항하려는 의도는 아닙니다. 그저 내 뜻대로 할 수 없는 이 상황을 바로 받아들이기가 어려울 뿐입니다.

부모가 기억해야 할 것은 아이가 운다고 해서 훈육이 실패하고 있는 것은 아니라는 점이에요. 아이가 느끼는 감정을 다스리는 것은 다른 문제입니다. 규영이에게 "아침 다 먹고 나가자"라고 했을 때 고분고분하게 "네!" 하고 밥을 먹으면 훈육이 성공한 것이고, "안 돼. 지금 나가!" 하며 울면 훈육이 실패한 것이 아닙니다. 훈육의 목표는 알려주는 것이고, 나는 알려줄 것을 알려주었기 때문에 잘한 것입니다.

우선 같이 감정의 늪에 빠지지 않도록 하세요. 아이가 특별히 이상한 것이 아니니 불안해할 필요가 없고, 내가 특별히 훈육을 잘못하고 있을 가능성도 별로 없으니 걱정할 필요도 없습니다. 나를 무시하거나 공격하는 것도 아니기 때문에 화를 내야 할 필요도 없고요. 나의 마음을 차분하게 지키면서 해야 할 일을 하세요.

일관된 루틴을 만들자

무언가를 알려주었을 때 규영이가 우는 것은 규영이의 반응일 뿐입니다. 이것은 아이의 마음이고 아이의 마음까지 부모가 통제할 수는 없습니다. 그러니 운다고 해서 아이를 비난하거나 울지 말라고 금지하는 것은 좋은 선택이 아닙니다. 부모가 통제할 수 있는 것은 부모 자신의 행동뿐이죠. "밥을 다 먹고 밖에 나가자"라고 말하고, 아이가 진정하고 할 일을 할 때까지 기다렸다가 밥을 다 먹고, 옷을 다 입은 다음에 손을 잡고 밖으로 나가는 것만이 훈육의 목표입니다. 아이의 울음을 통제하지 말고, 행동의 결과를 통제하세요.

그다음은 두 가지 방법으로 규영이를 도와줍니다. 하나는 일관된 루틴으로 아이가 미래를 잘 예측하도록 알려주는 것, 다른 하나는 공감과 인내로 아이의 마음을 어루만져 주는 것입니다.

규영이가 삶의 흐름을 좀 더 이해할 수 있도록 하면 도움이 됩니다. 매일 같은 시간에 일어나서 옷을 먼저 갈아입고, 아이와 함께 아침 식사를 하고, 양치질을 한 뒤에 밖으로 나가는 것을 꾸준히 반복하는 것이죠. 이를 통해 규영이는 일과의 순서를 익힐 수 있고, 언제 밖으로 나갈 수 있는지를 예측하게 됩니다. 아이가 운다고 해서 "알겠어. 오늘만 그냥 나가는 거야. 내일은 밥 먹고 나갈 거야. 약속! 내일도 울면 안 돼"라고 하지만 않으면 됩니다. 그러면 규칙의 학습이 어려워지거든요. 월요일은 생떼에 못 이겨 일어나자마자 나가고, 화요일은 다시 안 된다고 하는 식으로 일과가 뒤섞이면 아이는 예측이 어렵기 때문에 좌절의 분노를 더 크게 느끼게 됩니다.

다음은 부모의 공감입니다. 떼쓰는 아이에게 공감을 해주면 떼쓰기를 더 부추기거나, 부모의 권위를 잃을까 봐 걱정되는 분들도 계실 거예요. 떼쓰기를 부추기는 부모의 행동은 '아이가 떼를 쓰니까 아이의 의사를 들어주는 것'입니다. 이것은 공감이 아닙니다. 아이의 떼를 감당하지 못한 부모가 훈육을 포기한 것뿐이지요. 공감은 아이의 마음을 헤아리는 거예요. 그리고 이해를 바탕으로 아이를 도와주는 것입니다. 당장 달려나가지 못해 눈물이 나온다면 잠시 안아주며 "걱정 마. 우리는 오늘 나가서 놀 거야. 어제보다 더 빨리 준비하면 더 많이 놀 수 있을걸? 얼마나 빨리 나갈 수 있을지 엄마랑 같이 해볼까?" 하고 마음을 달래고 '놀고 싶다'는 목표에 집중할 수 있게 도와주세요.

"밥 다 먹어야 놀러 가지. 이거 다 안 먹으면 못 갈 줄 알아!"라고 외치는 대신에 "계란 꼭꼭 씹어 먹고 힘내서 그네를 높게 높게 타볼까?" 하고 말해주세요. "옷부터 갈아입어!"라고 핀잔을 주기 전에 "오늘 무슨 놀이 할 거야? 치타처럼 빨리 뛰려면 운동복을 입는 게 좋겠지?" 하고 함께 해주세요. 우리는 한 팀이니까요. 규영이의 목표를 이루기 위해 힘을 합쳐봐요. 1분이라도 빨리 나가기 위해 양말을 더 빨리 신는 모습을 볼 수 있을 거예요.

무관심 대신
안정적 지지

아이가 울 때 무관심하게 대응해야 한다고 생각하는 분들도 계실 거예요. 저는 그렇게 생각하지 않아요. 강한 감정을 느끼는 것은 자연스러운 일입니다. 아이에게도, 어른에게도 마찬가지예요.

아이들은 아직 세상의 이치도, 감정이 격해질 때 느껴지는 여러 가지 감각도, 이것을 어떻게 다루어야 할지도 잘 모릅니다. 따라서 아이는 지금 본인이 할 줄 아는 행동을 할 수밖에 없어요. 큰 소리로 부모를 찾는 것이죠. "도와주세요. 어떻게 할지 모르겠어요"라고 말해주면 좋으련만 그런 스킬은 아직 없어요. "으아아아아아아아아아아아"가 있을 뿐입니다. 아이가 격해진 감정의 폭풍을 다루지 못해 울고 떼를 쓴다면 이렇게 알려주세요.

내가 여기 있다.

그러므로 너는 안전하다.

왜냐하면 아이들이 울면서 찾고 있는 것은 바로 이것이기 때문입니다. 부모로부터 느낄 수 있는 안전함이요. 마트에서 과자를 사지 못해도, 동생에게 장난감을 뺏겨도, 그래서 너무 속상하고 화가 나도 '내가 괜찮은지'를 확인하고 싶은 거예요.

이걸 어떻게 알려주느냐? 바로 눈입니다. 우리의 눈은 많은 정보를 전달해요. 특히 감정을 전달하는 데 아주 중요하죠. 눈을 크게 뜨고 눈동자가 흔들리면 우리는 상대의 분노, 불안과 공포를 눈치챕니다. 편안한 눈빛으로 아이를 대하는 것이 첫 번째입니다.

때로는 그러기 싫거나 어려울 거예요. 아이의 우는 소리가 시끄러워서 듣기 싫고 짜증이 나지요? 가만히 두자니 영원히 문제가 해결되지 않을 것 같아 두렵고요. 그렇다면 이번엔 제가 말씀드릴게요.

괜찮아요.

우린 안전해요.

결국 해결할 수 있어요.

아이에게 안정된 지지와 관심을 주세요. 그다음 아이가 혼자서 감당하지 못한 그 문제를 함께 해결하세요. 아이가 우는 것을 두려워하지 마세요. 괜찮아요.

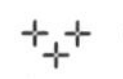

때리고, 밀고, 던지는 공격적인 행동을 해요

예나는 요즘 들어 자꾸 때리고, 밀고, 물건을 던지는 등 공격적인 행동을 보이고 있습니다. 블록을 쌓다가 마음대로 되지 않으면 블록들을 던져 버리고, 본인이 싫어하는 일을 하자고 하면 엄마나 아빠를 때리거나 밀기도 해요. 예나의 부모는 아이가 아직 어리다 보니 이런 행동이 자연스러운 건지, 아니면 문제가 있는 건지 갈피를 잡기 어렵습니다. 곧 유치원에 가야 하는데 다른 아이를 때리거나 물건을 던져서 다치게 할까 봐 걱정이 되지요. 예나는 분노 조절에 문제가 있는 걸까요?

아이가 화가 나거나 속상할 때 자신의 감정을 느끼고 사그라드는 것을 경험해보는 것은 좋습니다. 그래야 그 감정을 잘 이해하게 되니까요. 하지만 때리거나 물건을 던지는 것은 문제가 다릅니다. 누군가가 다칠 수 있으니까요. 규칙의 첫 번째 대전제인 '이것이 누군가의 안전을 위협하는 문제인가?'라는 기준에 반하는 행동을 할 때는 즉시 행동을 멈추고 상황을 제지해야 하죠. 이 문제를 다루기 위해서는 이 말을 기억하세요.

아직 모를 뿐이다.

아이의 공격적인 행동은 부모를 가장 불안하고 약해지게 만드는 종류의 문제입니다. 우리 아이가 다른 아이를 때렸다니? 세상에. 그것만큼 걱정되는 일이 없죠. 우리 아이가 나쁜 아이인가 아니면 어딘가 문제가 있는 것이 아닐까 의심이 되기도 하고, 내가 잘못 키웠나 자책하기 쉽습니다. 이러한 불안과 죄책감은 문제를 해결하는 데 방해가 됩니다. 아이(혹은 부모)의 내면을 '나쁘다'거나 '공격적이다'라고 보면 발전적인 방향으로 생각하기가 어렵기 때문입니다.

답은 이것입니다. '아직'의 힘이요. 아이의 내면을 나쁘다고 보지 말고, 아직 잘 모른다고 바라보세요. 아이가 아직 좋은 선택을 내릴 줄 모르는 것뿐입니다. 배우고 연습하면 달라집니다.

예나의 공격적인 행동은 좌절이나 실망에 처했을 때, 이에 대처할 수 있는 좋은 행동을 배우지 못한 상태라는 관점에서 바라보는 것이 중요합니다. 그래야 부모가 자신의 불안이나 분노에 휩쓸리지 않고 이 과정을 이해하고 아이에게 적절한 감정 조절과 표현 방법을 가르쳐주는 것이 가능합니다.

아이의 공격성, 연령별 지도법

만 2세 미만의 아이가 때리거나 물건을 던지는 행동을 보일 때는 이를 공격적인 행동으로 보기 어렵습니다. 이 시기의 아이들은 의도적으로 공격하려는 것보다는 신체적 조절 능력이 미숙하거나 우연히 일어난 행동이 재미있어 반복하는 경우가 많습니다. 적절한 행동을 하기에 신체의 조작이 미숙하거나 의사소통 능력이 미숙한 것입니다. 반복적으로 때리거나 할퀸다면, 부모는 아이의 행동을 적극적으로 막아줘야 합니다. 아이의 행동 패턴을 면밀히 관찰하여, 특정 상황에서 더 자주 발생하는지를 파악하고, 미리 예방하는 것이 중요합니다.

아이가 때릴 것 같으면, 그 행동을 막아주고, 아이의 의도를 부모가 대신 말로 표현해주며, 올바른 행동을 시범으로 보여주는 것이 필요합니다. 반갑더라도 상대의 얼굴을 만지지 말고 손을 흔들어 인사하도록 가르치거나, "이렇게 살살 만지는 거야"라며 부모가 직접 시범을 보이고, 아이의 손을 잡고 연습시켜주세요. "살살" 혹은 "토닥토닥"과 같은 단어를 반복적으로 들려주며 가벼운 손짓을 연습하면 아이가 의미를 이해하게 됩니다.

아이가 우연히 때렸을 때 '재미있는 놀이'로 인식하지 않도록 주의해야 합니다. 어린 아기가 아빠의 뺨을 철썩 때리면 부모가 놀라 웃으며 귀엽다고 반응하는 경우가 있습니다. 아이는 "이 행동이 재미있고 부모가 좋아하는구나"라고 잘못된 인식을 할 수 있습니다. 그 결과,

이 행동을 반복하게 되고, 다른 사람들에게도 무작정 때리는 행동을 할 수 있어요. 조금 상황이 웃길 때도 있지요. 그래도 가급적 웃지 말고, "살살~"이라고 말하며 조심스럽게 만지도록 알려주세요.

만 2~4세 정도의 아이들은 감정을 표현하고 상황을 이해하는 능력이 점차 발달하는 시기입니다. 아마 예나는 이 정도 나이인 것 같아요. 이 시기에는 반복되는 행동을 막는 것과 감정을 충분히 설명하는 것 사이의 균형이 필요합니다. 아이는 아직 자기의 행동을 온전히 통제할 만큼 자라지 않았고, 긴 설명을 기억하기에도 좀 어렵습니다. 하지만 어느 정도는 세상의 이치를 알고 있고 한창 배우는 시기이므로 좋은 가치를 설명해줘야 하고요. 사회생활을 준비하는 과정에서 좋은 행동을 학습하기에 딱 적당한 나이입니다.

아이가 흥분한 상태에서 물건을 던지거나 사람을 때린다면, 우선 그 상황에서 아이를 안전하게 벗어나게 해야 합니다. 말을 걸어 아이가 주의를 돌릴 수 있다면 말로 차분하게 대화하되, 상황에 따라서는 물리적으로 아이를 붙잡거나 들어서 빼내야 할 수도 있습니다.

"예나야, 괜찮아? 무슨 일이야?"

"예나야, 잠깐 멈춰."

상황이 크게 심각하지 않다면 아이의 주의를 돌려 무슨 일인지 물어보고 대화합니다. 만약 다른 친구를 때리거나 밀었다면 아이를 상황에서 분리하고, 상대방이 괜찮은지를 먼저 살핍니다. 이 자리의 어른으로서 다친 사람이 없는지 확인하는 것이 우선이기 때문입니다. 부모가 때린 자녀보다 맞은 상대방 아이의 안전을 먼저 살피는 행동을 보여주는 것은 그 자체로 '안전이 우선이다'라는 가치를 알려주는 훈육이 되기도 합니다.

상황을 살폈다면 이제 아이에게 간단하고 명확하게 설명해줍니다. 예를 들어, "블록이 무너져서 기분이 나쁘구나. 하지만 물건을 던지는 건 안 돼"와 같이 짧고 간단한 문장으로 정확한 규칙이 무엇인가를 알려주세요. 아이가 계속 물건을 던진다면 물건을 가져오세요.

"계속 던지면 블록놀이를 할 수 없어."

아이가 계속 물건을 던지도록 놔두면서 말만 던지지 말라고 하는 것은 분명한 경계선이 아닙니다. 던지는 행동이 지속되지 않도록 막는 것으로 알려주어야 합니다.

그다음에는 아이의 반응이 있을 거예요. 앞서 다루었던 것처럼 울거나 소리를 지르거나 돌려달라고 떼를 쓸 수도 있겠죠. 반응은 반응일 뿐이니 그 시기를 차분하게 지나가세요. 운다는 이유로 블록을 바로 돌려주거나 같이 소리치며 "물건을 던지니까 그렇지! 안 된다고 했잖아!"라고 반응하지 않으면 됩니다. 어떻게 해야 할지 잘 모르겠다면 조용히 기다리는 것이 제일 낫습니다.

아이의 마음이 진정되면 더 좋은 행동을 가르칠 차례입니다. 아이가 아직 할 수 없는 그 행동 말이에요.

"예나가 만들고 싶은 게 뭐였어?"

"아, 높이 높이? 높이 쌓고 싶은데 잘 안 되었구나. 아직도 높이 쌓고 싶니? 좋아. 그럼 다시 해보자."

"엄마랑 같이 쌓아볼래, 아니면 혼자서 해볼래?"

"도움이 필요하면 엄마에게 알려줘."

질문을 통해 아이가 다음 행동을 생각할 수 있도록 도와줄 수 있습니다.

아이가 아직 흥분한 상태라면 곧바로 결정을 내리도록 강요할 필요는 없습니다. 아이가 스스로 감정을 정리하고 다음 행동으로 나아갈 준비가 되면, 부모의 차분한 지지 속에서 아이는 좋은 선택을 할 수 있을 것입니다.

문제 행동을 없애주는 3단계 접근법

이제 조금 어려운 문제로 넘어가봅시다. 학령기 아이들은 '때리면 안 된다'는 것을 이미 알고 있습니다. 그럼에도 불구하고 가끔 행동을 통제하지 못할 때가 있죠. 아이가 잘못된 행동을 하면 부모는 강한 처벌과 비난으로 이 문제를 빨리 없애고 싶은 마음이 듭니다. 이 문제가 지속될까 봐 두렵고 초조하기 때문입니다. 하지만 여전히, 아무리 아이가 컸더라도, 우리는 믿어야 합니다.

아직 배우지 못했을 뿐이다.

아이는 다른 사람을 때리면 안 된다는 것을 알고는 있지만 그 상황에서 때리고 싶은 충동을 참는 것은 아직 어려운 것입니다. 강한 좌절이나 화를 다루는 법을 모르는 것입니다. 부정적인 감정을 담을 마음의 그릇이 작아서 쉽게 끓어 넘치는 것입니다. 아이가 배워야 할 것은 이 상황을 적절하게 다루어내는 능력입니다. 아직 배우지 못했다면, 도움이 필요합니다. 세 단계로 아이에게 다가가세요.

✢ 1단계. 이것이 너에게 힘들다는 사실을 알고 있다

아이가 학교에서 친구를 때려서 전화를 받았다고 생각해봅시다. 가슴이 철렁하겠지요. 아이를 혼내서 정신을 차리게 하고 싶을 거예요. 본인이 잘못해놓고 미안해하기는 커녕 사과도 하지 않고 버티고 있다면 더더욱 그렇겠죠. 아이가 답답하고, 한심하고, 미워보일 수도 있을 거예요. 하지만 아이가 자꾸 잘못된 행동으로 나를 힘들게 만든다고 생각하지 마세요. 나쁜 아이가 되고 싶은 아이는 없어요. 안 좋은 행동이 튀어나오는 그 순간을 버틸 힘이 부족한 거예요. 집으로 돌아와 조용히 앉아서 이렇게 말해주세요.

"이 문제를 해결하는 것이 어렵지?"

"친구를 때리면 안 된다는 것을 알고 있지? 그래, 몰라서 그런 건 아닐 거야. 다만 참지 못 했던 거지."

"아직 너에게 참는 것이 어렵다는 것을 엄마는 알고 있어."

✢ 2단계. 너의 옆에는 내가 있다

부모가 아이에게 그저 때리지 말라고 이야기하고, 벌을 내리는 것은 아이에게 혼자서 이 문제를 해결하도록 강요하는 것과 같습니다. 쉬운 문제는 규칙을 알려주는 것만으로 해결이 가능합니다. 예를 들면 숙제를 안 해서 혼났다면 다음 날 마저 해가면 되지요. 하지만 아이가 감정을 다스리지 못해 반복적으로 폭력을 쓴다면, 이 문제는 아이 혼자서 해결하기는 어렵습니다. 수영을 할 줄 모르는 아이가 물에 빠져 허우적대고 있다고 생각하세요. 허우적대는 아이를 향해 수영을 할 줄 모른다고 비난하고, 빨리 나오라고 소리친다고 해서 아이가 혼자 빠져나올 수는 없습니다. 아이가 허우적댈 때는 손을 내밀어줘야 합니다.

"어렵겠지만 이 문제는 꼭 해결해야 해. 우리가 도와줄 거야."

"엄마는 너를 혼자 두고 가버리지 않을 거야."

"아빠가 끝까지 도와줄 거야."

"이제 무슨 일이 있었는지 말해 봐."

아이의 말을 들어주세요. 때리기 전에 무슨 일이 있었는지 파악하는 것이 중요합니다. 뭔가 이유가 있었겠죠. 반복적으로 갈등이 생기는 이유를 알아야 다음에 이런 상황이 또 벌어질 때를 대비할 수 있어요. 말 그대로 무슨 일이 일어났는지 아이와 이야기해봅니다. 그다음은 아이의 생각과 감정을 함께 이야기해요. 우리가 5장에서 나누었던 버럭 조절 4단계를 아이의 눈높이에 맞추어 함께 해볼 수 있습니다. 아이가 언제 특히 화가 나는지, 어떤 생각이 들었는지, 어떤 행동으로 바꾸어볼 수 있는지를 이야기하며 배워갑니다. 내일 학교에 가면 어떻게 사과해야 할지 논의합니다. 선생님과 소통해야 할 것이 있다면 도와줍니다. 하루아침에 모든 것을 할 수는 없을 거예요. 하지만 부모가 도와줄 때 아이는 더 잘 배울 수 있습니다.

+ 3단계. '아직'의 힘

분명 가르쳐줬는데도 아이는 또 같은 실수를 하게 됩니다. 아이가 같은 잘못을 반복했을 때 아이는 자신에게 실망합니다. 어쩌면 아이는 오늘도 참아보려고 노력했을지도 모릅니다. 때리지 않겠다고 엄마랑, 아빠랑, 선생님이랑 약속했거든요. 그런데 또 실수하고 말았어요. 문제가 지속되면 학교에서 반복적으로 지적받거나, 친구를 잃어버리고 무리에서 소외되거나, 상황이 심해지면 정학이나 전학 같은 처분을 받기도 합니다. 이 정도가 되면 아이는 자신감을 잃어갑니다.

"나는 문제가 있나 봐."

"나는 나쁜 아이인가 봐."

"나는 어쩔 수 없는 애야. 계속 이렇게 살게 될 거야."

아이가 자신에 대한 희망을 버리는 것이야말로 가장 피해야 하는 결과입니다. 아이의 손을 잡고 알려주세요.

"너는 좋은 아이야."

"아직 어려울 뿐이야."

"결국엔 배울 수 있을 거야."

한 연구에 따르면, 미국의 교사들에게 가상의 '문제 학생' 사례를 읽게 한 뒤 그 문제 학생을 어떻게 관리할 것인지 물었을 때, 교사들은 백인 학생인 경우 학생을 도울 방법에 대해 고민하고, 흑인 학생인 경우 정학 처분을 고려하는 확률이 더 높았습니다. 어른들이 갖고 있는 아이에 대한 편견이 그 아이의 앞날을 좌우할 수 있다는 뜻입니다.

훈육은 자비와 반대말이 아닙니다. 아이들은 언제나 자비와 관용, 그리고 미래에 대한 믿음을 바탕으로 다음 기회를 얻어야 합니다.

오늘 실수했다면 내일 더 좋은 선택을 할 수 있도록 온 힘을 다해 도와주세요. 우리 가족의 힘으로 잘 안 된다면 꼭 전문가의 도움을 받도록 해주세요. 누군가가 나를 믿어준다는 사실이 아이로 하여금 '나는 변할 수 있는 아이구나. 내가 가능성이 있으니까 사람들이 나를 포기하지 않는구나'라는 확신을 갖게 합니다. 아이를 변화시키는 것은 변할 수 있다는 믿음입니다.

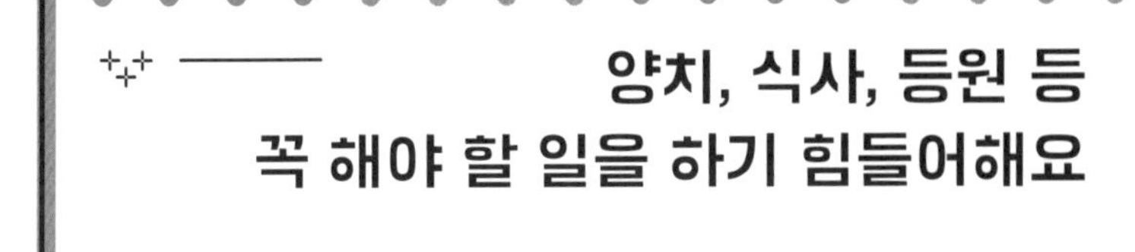

양치, 식사, 등원 등 꼭 해야 할 일을 하기 힘들어해요

민서 엄마는 요즘 세 살 된 딸 민서와 양치질이나 샤워를 할 때마다 전쟁을 치르고 있습니다. 양치질 잘하면 스티커를 준다고 꼬셨더니 며칠은 잘하는 듯하다가 금세 포기해버렸습니다. 민서는 엄마가 양치질하러 가자고 하면 도망가고, 샤워하러 가자고 하면 온몸으로 버티며 울어요. 억지로 하게 되면 민서도 엄마도 너무 지쳐버립니다. 아직은 힘으로라도 끌어다가 씻길 수 있지만, 좀 더 크면 그것도 불가능해질 것 같아요. 어떻게 해야 할까요?

어쩌면 부모님들이 가장 많이 힘들어하는 것들은 이렇게 사소한 것들일지 모르겠습니다. 양치질이나 샤워를 하는 것, 나가기 전에 양말을 신고 신발을 신는 것, 물을 쏟지 않고 마시는 것과 같은 일들이요. 어른들에게는 너무나 당연한 일들이지만 아이들에게는 이런 생활 습관도 하나씩 배우고 익혀야 하는 기술들입니다. 처음에는 낯설고 귀찮게 느껴지는 것도 당연합니다. 어렸을 때 양치질을 어떻게 배웠는지 기억하시는 분이 있나요? 아마 거의 없을 거예요. 우리 아이들도 마찬가지예요. 양치질하려면 전쟁을 치르는 것 같다가도 몇 년이 지나면 자연스러운 일상이 될 것입니다.

생활 습관을 만드는 것은 우리가 흔히 생각하는 '훈육'의 방식과는 조금 차이가 있습니다. 물론 자기 전에 양치를 해야 한다거나, 일정 시각이 되면 자러 가야 한다는 것은 규칙으로 알려줄 필요가 있습니다. 하지만 말로 알려주는 것만으로는 부족합니다. 몸에 행동이 익도록 충분한 연습이 필요합니다.

습관은 특정 상황이 되면 자동적으로 튀어나오는 학습된 행동을 말합니다. 습관의 형성은 이와 비슷하게 접근할 수 있어요. 행동을 습관으로 만들려면 다음의 두 가지가 필요합니다.

❶ 아이가 필요한 행동을 필요한 순간에 시작할 수 있도록 명확한 신호를 설정해 도와준다.
❷ 행동을 다 마친 순간에는 칭찬이나 축하의 메시지(보상)로 다음에 또 같은 행동을 반복할 수 있도록 격려한다.

이것을 그림으로 그리면 다음과 같습니다.

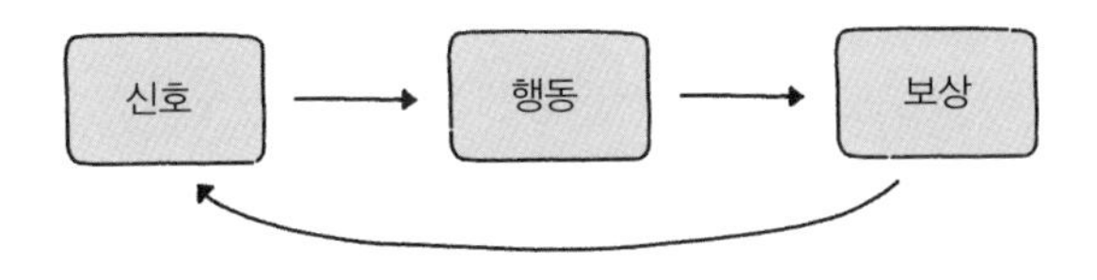

일단 시작하게 도와주는 법

아이가 어리면 어릴수록 즐겁게 시작을 이끌어주는 것이 중요합니다. 아이들은 재미없는 것을 억지로 하려는 마음이 아직 생기지 않거든요. 양치를 안 하면 충치가 생긴다는 결과는 아이들에게는 아직 와닿지 않습니다. 나중에 이가 썩어 고생을 해본다면 그제야 알게 되겠지요. 그러니 양치해야 하는 이유를 설명하는 것으로는 부족합니다. 양치를 하러 가도록 잘 꼬시는 것이 좋습니다.

부모님들은 흔히 아이를 꼬시기 위해 결과로 유혹합니다. '이거 하면 저거 줄게'라고 말하죠. 그것도 힘들면 '이거 안 하면 저거 안 줘'가 되기도 합니다. 저는 다른 방법을 권합니다. 시작으로 꼬시세요.

아이들을 꼬시는 좋은 방법 중 하나는 노래입니다. "빨리 와서 이 닦아!"라고 하지 말고 노래를 불러보세요. 제가 가장 좋아하는 노래는 〈Old McDonald Had a Farm〉입니다. 이야이야오(E-I-E-I-O)가 반복되는 그 노래요. 앞의 가사에 아무것이나 붙이면 쉽게 재미난 노래를 만들 수 있습니다.

"이 닦으러 갑시다. 이야이야오."

"양말 신으러 갑시다. 이야이야오."

노래를 부르며 어깨춤을 추며 욕실로 행진하세요. 아이는 "이야이야오~" 하고 노래를 따라 부르며 엉덩이를 씰룩대며 따라옵니다. 가끔은 아이의 가는 길을 막고 못 가게 방해해보세요. 혹은 먼저 욕실에 도착하는 사람이 불을 켜도록 내기를 해보세요. 대개 행동은 시작이 어렵습니다. 하지만 일단 시작하면 다음 단계로 넘어가기 쉬워지죠. 시작을 도와줄 유혹의 기술을 만드시길 권합니다.

싫은 일도 기꺼이 하게 만드는 법

아이가 유독 싫어하는 행동에는 대개 이유가 있습니다. "싫어도 해야지"라고 반복하지 말고, 정확한 이유를 찾아 해결해주세요. 얼굴에 물이 흘러내리는 것이 싫어 머리 감기를 싫어하는 아이는 서서 고개를 뒤로 젖혀 감는 법을 알려주면 좋습니다. 특정 양말을 신기 싫어하는 아이는 발목이 조이는 양말을 피하면 됩니다. 30분 동안 숙제하는 것이 어렵다면 15분씩 끊어서 두 번 하세요. 물론 세상에는 싫어도 좀 참고 해야 하는 일들도 있죠. 하지만 무조건 참기보다는 쉽고 편한 방법을 찾는 것이 더 똑똑한 대처일 때도 많습니다. '문제는 해결하면 된다'는 것을 가르쳐주세요.

아이들이 행동을 잘하는 가장 좋은 방법은 놀이입니다. 민서처럼 어린아이들은 물론이고, 어느 정도 커서도 효과적이에요. 샤워할 때 거품 놀이를 하면서 '거품 산을 누가 제일 많이 만드는지' 게임을 해 보세요. 엄마 손가락이 문어 다리가 되어 머리를 감겨주는 '문어 미용실' 놀이는 저희 아이들이 가장 좋아하던 놀이랍니다.

끝을
칭찬하는 법

아이가 행동한 뒤에는 그에 따른 보상을 경험하는 것이 중요합니다. 이 행동을 했더니 좋은 결과가 찾아온다는 인과관계를 학습해야 하니까요. '양치질을 하니까 이가 깨끗하다' 혹은 '샤워하고 나니까 얼굴이 반짝반짝 깨끗하다'와 같이 아이가 한 행동의 직접적인 결과를 말로 일러주세요.

그리고 아이가 용감하게 마친 행동을 칭찬해주세요. "오늘 머리 헹구기 끝까지 잘했어!"라고 말해주세요. 비록 머리를 헹굴 때 울었더라도 수건을 빨래통에 잘 넣었다면 "마무리를 잘하니 욕실이 깨끗하구나"라고 좋은 마음으로 욕실에서 나올 수 있도록 해주세요. 앞으로 샤워할 날은 많고, 결국은 울지 않고 머리를 감을 것입니다. 저의 전작인 《스스로 해내는 아이의 비밀》에 아이들에게서 행동을 쉽게 이끌어내는 방법을 자세하게 담았습니다. 이 내용이 더 궁금하신 분은 함께 참고해주세요.

초등 이상의 아이가 원래 잘하던 생활 습관, 예를 들어 양치질, 샤워, 또는 옷 입기 같은 기본적인 자기 관리 행동을 갑자기 거부하기 시작한다면, 이는 단순한 게으름이나 반항이라기보다는 부모의 관심이 필요하다는 신호일 수 있습니다. 특히 그 행동을 충분히 할 수 있는 나이가 되었고, 이전에는 문제없이 해왔던 일이라면 더욱 그렇습니다. 지속적으로 할 일을 하지 않고, 부모가 지시할 때 반항적인 모습을 보인다면 학업이나 교우 관계 등 다른 스트레스 요인이 있지 않은지 알아보는 것도 좋습니다. 아이의 감정 상태나 환경 변화를 살펴보세요.

아이의 반항적인 태도에 화가 나요

초등학교 3학년 은호와 은호의 부모님은 요즘 신경전 중입니다. 요즘 들어 은호가 자꾸 버릇없게 행동하는 것 같습니다. 매일 공부할 때가 되면 하기 싫다고 입술을 삐죽이고, 최대한 늑장을 부립니다. 간식이라도 먹으면 조금 기분이 좋아질까 싶어 부르면 "아, 안 먹는다고!" 하면서 심술궂게 굴고요. 참다 못해 말투를 지적하면 방으로 문을 쾅 닫고 들어가버립니다. 어거지로 앉아서 공부를 시작해도 "모르겠다" "너무 어렵다" 불평을 해서 엄마도 화가 폭발하지요. "똑바로 앉아라" "글씨 바르게 써라" "빨리빨리 해라" 하는 엄마의 잔소리가 따발총처럼 발사되어야 끝이 납니다. 사춘기가 벌써 오려는 것일까요? 놀고만 싶어서 그러는 걸까요? 아이의 마음을 받아줘야 하는 건지, 따끔하게 혼내서 정신을 차리게 해줘야 하는 건지 엄마는 정말 잘 모르겠어요.

아이들이 부모의 지시를 따르지 않고 반항적인 행동을 하거나 버릇없이 대응할 때 참 어렵습니다. 부모를 무시하는 것처럼 느껴지기도 하고, 싸우자는 것처럼 느껴지기도 하죠. 나를 노려보는 눈빛을 마주하면 화가 치밀어오르기도 합니다. 이 문제를 다루기 위해 이 말을 먼저 생각하기를 권합니다.

할 수 있으면 했다.

아이들이 어떤 일을 하라는 지시를 받았을 때 반항적으로 행동하는 이유는 그 일을 (잘) 못 하기 때문입니다. 은호는 공부에서 어려움을 겪고 있는 것입니다. 공부를 싫어하는 것처럼 보이고, 자꾸만 시작을 미루고, 부모의 말에 반항하는 것처럼 보이지만 실은 잘 못하고, 자신이 없는 것에 가깝습니다.

대부분의 아이들은 공부를 잘하고 싶어 합니다. 학교에 다니면서 공부 못하는 학생으로 남고 싶은 아이들은 별로 없습니다. 공부 외의 것에 욕심이 있는 아이는 있어도 말이죠. 그럼에도 아이들이 공부의 '공'자만 나와도 질겁을 하며 짜증을 내는 이유는 공부가 어렵기 때문입니다. 그러나 아이들은 아직 이 마음을 알아차리지 못했습니다. 그저 불편함의 정도가 지나치기에 도망치고 싶어 할 뿐입니다. 머릿속에 복잡한 감정과 생각이 얽혀 있지만 아이는 세련되게 표현하는 대신 한마디로 퉁치려 듭니다.

"아, 하기 싫다고!"

문제를 풀고 틀렸다고 짜증내는 아이는 틀렸을 때 받아들이는 법을 모르는 것입니다. 지겨워서 하기 싫다고 몸을 꼬는 아이는 지겨움을 다루거나 흥미를 찾아가며 공부하는 법을 모르는 것입니다. 너무 많다고 한숨을 쉬는 아이는 적당한 양을 나누어 공부하는 법을 모르는 것입니다. 자꾸 미루기만 하는 아이는 시간을 관리하는 법을 모르는 것입니다. 이 방법들을 알고 있다면 은호는 공부를 애저녁에 끝냈을 것입니다. 따라서 반항적인 태도를 보일 때 은호를 탓하기보다는 아이를 가로막는 장애물이 무엇인지 대화하는 것이 중요합니다.

호기심과 이해로 아이의 마음 열기

노여움보다는 호기심으로 접근해보세요. 지금 은호에게 무슨 일이 일어나고 있는지, 그리고 은호에게 어떤 어려움이 있는지 질문을 던지세요. 이것은 아이의 고집이나 반항을 받아주라는 말과는 달라요. 아이가 버릇없어지지 않을까, 혹은 부모를 우습게 알지 않을까 걱정이라고요? 글쎄요. 저는 부모가 정말 좋은 리더라면 이 정도의 일로 권위가 무너지진 않는다고 생각해요. 오히려 부모의 리더십을 확인할 수 있는 순간이죠.

아이는 부모가 자신을 이해하고 돕는다고 느낄 때 솔직하게 마음을 열고 따릅니다. 은호는 문제를 해결할 수 있는 방법을 모릅니다.

그래서 도망치는 것입니다. 어떻게 하면 내 말을 듣게 만들 수 있을지를 고민하지 말고, 어떻게 아이가 이 문제를 헤쳐나갈 수 있을지를 고민하세요.

아래의 질문들을 생각해보세요.

❶ 아이의 몸은 지금 괜찮은가?
❷ 아이는 지금 충분히 쉬고, 놀고, 운동할 시간이 있었나?
❸ 아이가 이 일(공부)을 하기에 충분한 능력을 갖고 있을까?
아니라면 무엇이 부족할까?
❹ 아이는 지금 안전하다고 느낄까?
비난받거나 혼날 것 같아 불안하지 않을까?
❺ 나는 지금 아이를 이해해주고 있나?
아이는 그것을 느끼고 있을까?

공부 문제에 있어서는 ②③④번 질문이 특히 중요합니다. 공부라는 복잡한 과제를 실행하기 위해서 충분한 휴식과 운동으로 아이의 뇌를 준비시켰는지, 공부 과제가 아이의 수준에 적합한지를 먼저 점검해보세요. 이것만 해결돼도 아이의 반항은 줄어듭니다. 그다음은 심리적인 장애물입니다. 문제를 풀다 틀리면 혼나거나, 다른 아이와 비교당하는 등의 스트레스 요인은 공부 시간을 괴롭게 만들고 아이는 이 시간을 회피하게 됩니다. 불안하고 초조하며 긴장되기 때문에 시작하기를 주저하고, 잘하지 못할 바에는 안 하겠다는 식의 생각을 하게 되죠.

물론 아이에게 제멋대로 굴 수 있는 자격을 주라는 것은 아닙니다. 다른 사람의 기분을 상하게 하는 말과 행동을 하는 것은 안 되죠. 하지만 이 역시도 아이가 자신의 상태를 표현할 줄 모르기 때문은 아닌지 생각해봐야 합니다. "오늘 숙제는 혼자서 하기 어려워요. 이 부분을 잘 모르겠어요. 도와주세요"라고 말하는 법을 모르는 것이죠. 내 마음을 잘 알고 표현하는 것은 어렵거든요.

호되게 혼내거나 정신을 바짝 차리게 벌을 주면 아이가 좋은 방법을 저절로 알게 될까요? 그렇지 않습니다. 어떻게 도움을 요청하는지 명확하게 알려주세요.

"숙제는 네가 해야 할 일이야. 네가 어려운 부분이 있다면 도와줄 수 있지만 엄마에게 이렇게 말하는 것은 안 돼. 엄마의 도움이 필요하면 예의 바르게 이야기해. 그럼 언제든지 도와줄 거야."

이렇게 말하는 것이 좀 어색하게 느껴지나요? 그렇다면 이런 것은 어떨까요?

"어려울 때는 '숙제맨'을 불러. 아빠가 달려올게!"

잊지 말아야 할 것은 부모의 도움이 아이의 영역을 넘어서서는 안 된다는 것입니다. 숙제를 대신 해주지는 말라는 말입니다. 혼내서 숙제를 하도록 만들거나 생각을 대신 해주지 말고 다시 힘을 내어 부딪힐 수 있도록 응원해주세요.

형제자매 사이 균형 잡기가 어려워요

세 살 지아에게 동생 지율이가 태어났어요. 동생이 태어나기 전까지는 그래도 순하고 자기 할 일도 곧잘 하는 편이라고 생각했는데, 동생이 태어난 이후로는 유독 엄마를 찾고 자주 울어요. 특히 엄마가 지율이를 재우거나 수유를 할 때면 계속 자기를 보라고 하거나, 수유하지 말라고 울고 떼를 써요. 그 외의 시간엔 지아 눈치를 보느라 지율이는 잘 안아주지도 못해요. 집안 어른들이 지아를 달래주려고 노력하지만 엄마만 찾으니 한계가 있어요. 동생을 질투해서 그러는 걸까요?

누군가는 이렇게 이야기합니다. 동생이 태어나서 부모가 동생을 데리고 집에 들어오면, 첫째 입장에서는 마치 배우자가 바람이 나서 불륜 상대를 집으로 데려온 것처럼 느낀다고요. 게다가 들어와서 "앞으로 같이 살 거니까 사이좋게 지내"라고 하니 세상이 무너지는 기분이라고요. 심리학자 아들러는 동생이 등장한 첫째 아이의 심정을 '폐위된 왕'에 비유하기도 했죠. 정말 그럴까요?

'동생은 불륜 상대설'과 같이 동생의 등장이 첫째에게 위기와 위협이 된다고 보는 관점을 가족 위기 모델(Family Crisis Model)이라고 합니다. 이 모델은 가족 내에 큰 변화가 생기는 것을 위기로 해석합니다. 새로운 가족 구성원의 등장은 기존 가족 구조에 위기를 초래할 수 있는 중요한 사건으로 간주되죠.

가족 위기 모델에서 동생은 첫째에게 '심리적 위기'로 해석됩니다. 동생이 태어나면 첫째 아이는 부모의 관심과 사랑이 동생에게로 옮겨가는 것을 위기로 인식하고, 자신의 생존에 중요한 자원인 부모의 보살핌을 잃어버리게 된다고 느껴 심리적 스트레스를 받습니다. 그 결과 불안, 질투, 좌절 등의 감정이 나타나고, 부모의 사랑을 두고 동생과 라이벌 관계가 시작됩니다.

이 관점에서 아이들을 바라보는 부모들은 이 사태를 막기 위해 노력합니다. 아이들이 라이벌이 되지 않도록 똑같이 대우하려고 노력하죠. 혹은 둘째는 아직 어리니까 잘 모를 거라 생각하고 첫째를 가족의 중심에 놓으려고 애쓰게 됩니다. 둘째를 돌보는 것을 첫째에게 허락받거나, '동생보다 네가 더 소중해' 혹은 '이건 동생 빼고 너만 줄게'라며 첫째의 마음을 위로하려고 합니다.

하지만 이 접근에는 큰 한계가 있습니다. 부모가 아이들을 똑같이 사랑해주려고, 혹은 첫째를 더 사랑해주려고 노력하는 것 자체가 부모의 사랑에는 차이가 있음을 인정하는 꼴이 되기 때문입니다. 동생의 뒤에서 첫째를 더 사랑하는 것처럼 말하고 행동하면 '나는 너희 둘 중 하나를 다른 하나보다 더 사랑할 수 있다'는 메시지를 전달하게 됩니다. 결국 첫째의 불안은 사라지지 않고, 둘 사이의 경쟁을 부추기는 행동입니다. 그러니까 하지 마세요. 좋은 방법이 아닙니다.

동생의 탄생은
'성장의 기회'

발달적 생태계 모델(Developmental Ecological Systems Model)은 동생의 탄생을 위기보다는 발달 과정의 자연스러운 터닝 포인트로 바라보는 접근입니다. 이 모델은 가족을 하나의 생태계로 바라봅니다. 가족은 살아있는 생태계처럼 가족 구성원 간의 상호작용과 환경에 따라 끊임없이 변화한다고 접근하죠. 그리고 생태계에 변화가 생기면 그 안의 가족 구성원들 역시 그의 영향을 받으며 변화한 생태계에 맞추어 새로운 학습이 일어납니다.

지아에게 엄마가 모유수유 하는 모습이나 동생을 재우러 방에 들어가는 모습은 낯설 거예요. 지아에게 필요한 것은 비위를 맞춰주는 것이 아니라, 지금 일어나고 있는 일을 잘 이해하고 받아들이는 것입니다.

동생이 태어나면 첫째는 나를 둘러싼 생태계(가족의 구조와 환경)의 변화를 경험하고, 언니, 오빠, 형, 누나 등의 새 역할을 맡으면서 또 다른 정체성을 얻게 됩니다. 또한 부모와 보내는 시간, 가정 내에서의 위치도 달라집니다. 첫째는 이러한 변화에 적응해나가야 합니다. 이 과정에서 아이는 변화하는 환경에 맞춰 자신의 행동과 사고를 조정하고, 더 넓은 세상과 관계를 배우며 발전할 기회를 얻게 됩니다. 따라서 동생의 탄생을 '위기'가 아닌 '성장의 기회'로 보려는 것이 이 모델의 핵심입니다. 이 관점에서 부모는 첫째 아이가 새로운 환경에 적응하고, 동생과의 관계를 잘 맺도록 도와줌으로써 아이의 성장을 촉진할 수 있습니다.

- **새로운 역할을 부여해주세요.**

  동생의 탄생으로 인해 첫째는 형, 오빠, 누나, 언니라는 역할을 새로 부여받습니다. 아이를 적극 육아에 동참시키세요. 동생의 기저귀를 가져오거나, 손수건으로 입가를 살살 닦아주라고 해보세요. 동생을 잠시 눕혀놓은 동안 노래하며 딸랑이를 흔들어주는 등 형제자매로서 할 수 있는 역할을 가르쳐주세요. 동생이 울면 "왜 우는 걸까?" 하고 첫째와 대화하며 해결해보세요. 이를 통해 첫째는 책임감을 배우고, 동생을 돌보는 경험을 통해 사회적 상호작용 능력을 키울 수 있습니다.

- **환경 변화에 대해 충분히 설명해주세요.**

  집안에 신생아가 생긴다는 것은 많은 변화를 의미합니다. 시도 때도 없이 우는 아이와 몸이 회복되지 않은 엄마, 육아를 돕기 위해 왕래하는 다른 가족이나 도우미까지 아이는 혼란을 겪게 됩니다. 지금 어떤 일이 일어나고 있는지 많이 설명해주고, 아이의 질문에 적극적으로 답해주세요. 동생의 탄생에 대한 그림책을 읽으며 대화하거나, 이번 주에 우리 집에 누가 방문할 것인지 달력에 그림을 그려 알려주는 것이 도움이 됩니다. 이 과정에서 첫째는 변화에 유연하게 대응하고, 문제 해결 능력을 키울 기회를 가집니다.

- **부모의 사랑을 전해주세요.**

아이가 "엄마는 누구를 더 사랑해? 내가 더 노래 잘하지?"와 같이 동생과 자신을 비교하는 말을 할 때 동생과 너를 똑같이 사랑한다는 것을 강조하기보다는 얼마나 다른가를 알려주세요. 나는 너를 너라서 사랑한다고, 세상에 너는 하나밖에 없기 때문에 소중하고, 나는 언제나 너의 목소리를 듣고 싶다고 말해주세요.

공평함과 공정함

아이들이 종종 "공평하지 않다"고 말할 때가 있어요. 예를 들면 "왜 엄마는 동생만 안아줘?"와 같은 질문이죠. 그럴 때 아이들은 똑같이 해줄 것을 요구합니다. 동생을 안아줬으니까 나도 안아달라거나, 동생만 재워주지 말고 나도 재워달라는 거죠. 물론 가끔은 그런 해결책이 괜찮을 때도 있어요. 하지만 대개 부모는 곤란해집니다. 5개월짜리 아기를 안아줬다고 해서 다섯 살 아이도 똑같이 안아줘야 한다면 허리가 남아나지 않을 테니까요.

이럴 때 속으로 외치고 시작합시다. '공평함과 공정함을 이야기할 좋은 기회다'라고요.

공평함과 공정함은 쉬운 개념이 아니에요. 어른들도 쉽게 와닿지 않을 때가 많으니까요. 그렇지만 이 개념은 사회를 살아가는 데 정말 중요한 가치입니다. 우리가 "때리면 안 된다!"라고 가르치는 건 절대적인 원칙이에요. 화가 났어도 때리면 안 되고, 상대가 형이든 동생이든 때리면 안 되죠. 그러니 가르치기가 오히려 쉽습니다. 공정함이란 더 복잡한 문제예요. 그때그때 상황에 맞춰 생각해야 하고, 그 순간에 최선의 선택이 무엇인지 고민해야 하니까요.

공평함은 말 그대로 똑같이 나누는 것입니다. 만약 아이 둘이 보고 싶은 만화 영화가 다르다면, 이번 주말에는 첫째가 고르고, 다음 주말에는 둘째가 고르는 식으로 나누면 공평하다고 볼 수 있어요. 그런데 항상 똑같이 반반 나누어서 해결되는 문제만 있는 건 아니에요. "엄마는 왜 아기만 안아줘?"라는 질문을 받을 때처럼요.

이때 우리가 생각해야 할 것은 공정함이에요. 공정함이란 필요에 따라 다르게 대우하는 것을 의미해요. 여기서는 차등이 생깁니다. 동생을 안아준 이유는 동생이 아직 걸어다닐 수 없기 때문이에요. 첫째를 안아주지 않은 것은 충분히 걸어갈 수 있기 때문이죠. 하지만 첫째는 다르게 생각할 수 있어요.

"나도 걸어가기 싫어. 나도 다리 아파. 엄마는 아기만 안아주니까 아기만 좋아하는 거야. 나는 안 좋아해!"

이럴 때 부모도 덩달아 동생과 첫째를 자꾸 비교해서 설명하는 것은 좋지 않아요. "너는 다 컸잖아. 애기는 어리니까 안아주는 거야"라고 하면, 아이도 부모도 비교의 관점에서 벗어나지 못하게 됩니다. 그보다 중요하게 전해야 하는 메시지는 "엄마, 아빠는 너희가 필요할 때 필요한 도움을 줄 거야"라는 거예요.

저도 비슷한 경험이 있어요. 둘째가 학교에 입학할 때 책가방을 너무 큰 걸로 사 줬어요. 가방이 너무 크고 무거워 하교길에는 늘 제가 가방을 들어줬지요. 어느 날 첫째가 이렇게 묻더라고요.

"엄마는 왜 내 가방은 안 들어줘?"

순간 동생은 가방이 무거우니까, 동생은 너보다 작으니까, 너는 이만큼 컸으니까…. 수많은 핑계가 머릿속에 떠올랐어요. 아마도 나를 방어하고 싶었던 거겠죠.

잠시 숨을 고르고 서하에게 이렇게 물었어요.

"가방이 무거워?"

"아니, 별로 안 무거워."

"그래? 혹시 엄마 도움이 필요하면 얘기해."

"지금은 괜찮아요."

그러더니 그냥 걸어가버렸습니다. 너무 싱겁게 끝났지요?

우리는 지금까지 아이의 의사결정 능력에 대해 이야기했어요. 지금 이 순간에 내가 엄마한테 가방을 들어달라고 해야 하는가는 무엇을 기준으로 결정해야 할까요? 부모에게 도움을 요청할 때는 그 순간에 본인이 정말 도움이 필요한지, 스스로 할 수 있는지, 어떤 종류의 도움이 필요한지를 생각해서 결정해야 합니다. 엄마가 동생의 가방을 들어주는 것은 내가 얼마나 무거운 짐을 들 힘이 있는가와는 관계없는 일입니다. 물론 그 모습을 보면서 '나도 들어줬으면 좋겠다' 하는 생각이 들 수도 있죠. 가끔 힘들어 보이면 "도와줄까?"라고 물어보세요. 더운 날은 그늘에서 물 한 모금을 마시고 가도록 알려주고, 유독 짐이 무거운 날에는 가방 안에서 도시락 가방을 꺼내서 들어주기도 하고요. 필요한 만큼 도와주면 아이는 다시 기분 좋게 자기 몫을 할 수 있어요.

아이들은 앞으로도 끊임없이 다른 사람과 비교하고, 갈등을 겪으며 성장할 거예요. 그럴 때마다 억울하고 속상한 마음도 들고, 때로는 자신이 부족하다고 느낄 수도 있겠죠. 형제자매와의 작은 다툼이나 비교는 더 큰 세상 속에서 마주할 갈등을 미리 연습하는 기회가 될 수 있어요. 집이라는 안전한 울타리 안에서 자신만의 해결 방식을 찾아가도록 도와주면, 아이는 굳건히 서서 문제를 헤쳐나갈 힘을 얻게 됩니다. 그러니 잊지 마세요. 형제자매 사이의 갈등은 위기가 아니라 성장을 위한 터닝 포인트라는 것을요.

에필로그

모든 문제를 해결하는 하나의 마법은 없다

- 마음대로 되지 않으면 눈물 콧물 흘리며 칭얼대는데 안아서 달래줘야 할까요, 스스로 진정하게 두어야 할까요?
- 아이가 숙제하는 속도가 너무 느린데 빨리 하라고 채근을 해야 할까요, 아니면 알아서 하게 두어야 할까요?
- 짧고 간단한 지시가 더 나을까요, 차분하게 앉아서 설명해주는 것이 나을까요?
- 아이가 쑥스러움이 많은데 좀 더 기다려주어야 할까요, 친구를 사귀도록 적극적으로 도와줘야 할까요?

무엇을 선택해야 할까요? 훈육을 잘못해서 아이를 망칠까 봐 겁이 나요.

어느 날 갑자기 부모가 되어 덩그러니 아이와 방 안에 놓이게 됩니다. 소중한 내 아이의 미래가 내 손에 놓였습니다. 모유 수유를 해야 할까, 분유를 먹여야 할까부터 시작해 몇 살부터 어린이집을 보내고, 몇 살부터 한글을 배워야 하는지까지 모든 결정을 내려야 합니다. 좋은 결정을 내리기 위해 밤마다 정보를 검색해보지만 검색하면 검색할수록 더 혼란스러워집니다. 전문가마다, 선배 엄마마다 왜 그렇게 말이 다른 걸까요.

우리는 스스로 선택하라고 배우지 못했습니다. 부모가 정해준 것을 따르고, 학교에서 시키는 대로 하고, 학원에서 정해주는 것을 외우고, 회사에서 요구하는 일을 잘하도록 많은 시간 훈련받았습니다. 어른의 말에 반박하면 버릇이 없다는 말을 들었고, 규칙을 어기면 벌점을 받았지요. 그러다 보니 우리는 세상에는 정답이 있다고 생각하게 되었습니다. 아이의 떼를 잠재우는 한마디, 아이의 뇌를 똑똑하게 만들어줄 하나의 영재 교육, 어떤 아이든 부모 말을 척척 듣게 해줄 마법의 훈육법 같은 것이요.

안타깝게도 그런 것은 없습니다. 원래 세상은 복잡하고, 계속 변화합니다. 의사결정이 어려운 이유는 세상에 어떤 결정도 똑같지 않기 때문입니다. 우리가 내리는 각 의사결정은 항상 새로운 조건과 맥락 속에서 이루어지기 때문에 단순히 이전의 결정을 반복하거나 기존의 해결책을 그대로 적용할 수 없는 경우가 많습니다.

같은 상황처럼 보이더라도, 작은 변수 하나가 결과를 완전히 다르게 만들 수 있습니다. 아이가 장난감을 치우지 않는 이유는 더 놀고 싫어서일 수도 있지만, 오늘따라 유독 피곤해서일 수도 있습니다. 혹은 어느 장난감을 어느 서랍에 넣어야 할지 잘 모르기 때문일 수도 있죠. 세 살 아이에게 통하던 방법은 아이가 여섯 살이 되면 통하지 않습니다. 겉으로 똑같아 보이는 문제라도 그 배경과 맥락이 다르고, 그에 따라 결정과 접근 방식도 달라져야 합니다.

부모도 경험을 통해 배운다

우리가 훈육을 어렵게 느끼는 이유는 한 번에 정답을 찾으려고 하기 때문입니다. 딱 맞는 정답을 찾아 실패 없이 아이를 키우려고 하는 거죠. 그러나 우리는 실패해야 합니다.

뇌는 언제나 감각 기관을 통해 흘러들어오는 정보들을 분석하여 그 안의 의미를 찾아내고, 최선의 선택을 내리려고 애씁니다. 그런데 매 결정마다 정보가 달라진다면 대체 어떻게 최선을 골라낼 수 있을까요? 뇌는 이를 위해 과거의 경험을 참고합니다. 우리의 기억 속에서 비슷한 상황을 끄집어내 적당한 답을 내리려고 하죠. 나의 경험은 내가 사는 세계에서 가장 확실한 정보입니다. 그러니 나에게 다양한 경험이 있을수록 좋은 결정을 내릴 수 있습니다.

부모가 훈육과 양육을 배우는 과정은, 아이들이 세상을 경험하면서 자연스럽게 숨겨진 원칙을 익히는 것과 같습니다. 부모도 경험을 통해 다양한 순간에 숨어 있는 원칙을 배웁니다. 내 아이와 보내는 시간이 쌓이면서 아이를 이해하게 되고, 어떤 말과 행동이 더 도움이 되는지 알게 됩니다. 내가 유독 힘들어하는 훈육 시간들을 통해 나 자신을 이해하고, 마음을 다스리며 성장합니다. 이 과정에는 반드시 시행착오가 있습니다. 그 어떤 전문가도, 심리 검사나 교육 프로그램도 모든 문제를 해결하는 하나의 마법을 제시할 수 없습니다.

"Fail Miserably. (비참하게 실패하라.)"

저희 아이들이 좋아하는 작가인 대브 필키(도그맨 시리즈의 작가)의 만화《Cat Kid Comic Club》에 나오는 말입니다. 주인공 컬리와 길버트의 작업실 벽에 붙어있는 말인데요. 이 말이 담은 뜻은 간단합니다.

"실패할 것을 두려워하지 말라."

누구나 처음에는 비참하게 실패합니다. 그러나 실수는 고칠 수 있고, 다시 도전하면 언제나 더 나아집니다. 이 경험이 차곡차곡 쌓이는 것이 바로 학습입니다. 우리에게는 그저 '실패를 두려워하지 않을 용기'가 필요할 뿐이지요.

우리는 실수를 통해 내 아이와 나만의 관계의 법칙을 배워나가야 합니다. 남들이 알려주는 정답을 찾아 헤매지 말고, 마음껏 헛다리를 짚어보세요. 아침에 아이를 깨울 때 부드럽게 쓰다듬으며 깨우는 것과 즐겁게 노래를 부르며 깨우는 것 중 무엇이 더 나은지 알 수 있는 방법은 직접 해보는 것 외에는 없습니다. 아이가 흥분했을 때 차분하게 들어주는 것이 나은지, 간결하고 분명하게 규칙을 언급해주는 것이 좋은지는 상황마다 해보면서 알아내는 수밖에 없습니다. 내 아이와 내 마음에 귀 기울이고, 용감하게 부딪히세요. 그리고 그 결과를 학습하세요. 아무 경험 없이 좋은 의사결정은 할 수 없습니다.

결국 아이들이 부모의 훈육에서 배워야 할 것은 바로 이것입니다.

- 두려워하지 말고 부딪히는 것
- 한 번에 잘 되지 않아도 포기하지 않는 것
- 내가 가진 문제에서 도망치지 않고 용감하게 삶의 일부로 품는 것

이것을 배운다면 부모도, 아이도 결국 문제를 해결하게 됩니다.

용감하게 사랑하고, 비참하게 실패하세요.

여러분의 실패를 응원합니다.